T0222970

Wissenschaftliche Reihe
Fahrzeugtechnik Universität Stuttgart

Reihe herausgegeben von
M. Bargende, Stuttgart, Deutschland
H.-C. Reuss, Stuttgart, Deutschland
J. Wiedemann, Stuttgart, Deutschland

Das Institut für Verbrennungsmotoren und Kraftfahrwesen (IVK) an der Universität Stuttgart erforscht, entwickelt, appliziert und erprobt, in enger Zusammenarbeit mit der Industrie, Elemente bzw. Technologien aus dem Bereich moderner Fahrzeugkonzepte. Das Institut gliedert sich in die drei Bereiche Kraftfahrwesen, Fahrzeugantriebe und Kraftfahrzeug-Mechatronik. Aufgabe dieser Bereiche ist die Ausarbeitung des Themengebietes im Prüfstandsbetrieb, in Theorie und Simulation. Schwerpunkte des Kraftfahrwesens sind hierbei die Aerodynamik, Akustik (NVH), Fahrdynamik und Fahrermodellierung, Leichtbau, Sicherheit, Kraftübertragung sowie Energie und Thermomanagement – auch in Verbindung mit hybriden und batterieelektrischen Fahrzeugkonzepten. Der Bereich Fahrzeugantriebe widmet sich den Themen Brennverfahrensentwicklung einschließlich Regelungs- und Steuerungskonzeptionen bei zugleich minimierten Emissionen, komplexe Abgasnachbehandlung, Aufladesysteme und -strategien, Hybridsysteme und Betriebsstrategien sowie mechanisch-akustischen Fragestellungen. Themen der Kraftfahrzeug-Mechatronik sind die Antriebsstrangregelung/Hybride, Elektromobilität, Bordnetz und Energiemanagement, Funktions- und Softwareentwicklung sowie Test und Diagnose. Die Erfüllung dieser Aufgaben wird prüfstandsseitig neben vielem anderen unterstützt durch 19 Motorenprüfstände, zwei Rollenprüfstände, einen 1:1-Fahrsimulator, einen Antriebsstrangprüfstand, einen Thermowindkanal sowie einen 1:1-Aeroakustikwindkanal. Die wissenschaftliche Reihe „Fahrzeugtechnik Universität Stuttgart" präsentiert über die am Institut entstandenen Promotionen die hervorragenden Arbeitsergebnisse der Forschungstätigkeiten am IVK.

Reihe herausgegeben von
Prof. Dr.-Ing. Michael Bargende
Lehrstuhl Fahrzeugantriebe,
Institut für Verbrennungsmotoren und
Kraftfahrwesen, Universität Stuttgart
Stuttgart, Deutschland

Prof. Dr.-Ing. Jochen Wiedemann
Lehrstuhl Kraftfahrwesen,
Institut für Verbrennungsmotoren und
Kraftfahrwesen, Universität Stuttgart
Stuttgart, Deutschland

Prof. Dr.-Ing. Hans-Christian Reuss
Lehrstuhl Kraftfahrzeugmechatronik,
Institut für Verbrennungsmotoren und
Kraftfahrwesen, Universität Stuttgart
Stuttgart, Deutschland

Weitere Bände in der Reihe http://www.springer.com/series/13535

Jan-Hendrik Herold

Implizite Vernetzung mechatronischer Fahrwerksysteme im Kraftfahrzeug durch einen Fahrzustandsbeobachter

 Springer Vieweg

Jan-Hendrik Herold
Stuttgart, Deutschland

Zugl.: Dissertation Universität Stuttgart, 2017
D93

Wissenschaftliche Reihe Fahrzeugtechnik Universität Stuttgart
ISBN 978-3-658-20861-5   ISBN 978-3-658-20862-2   (eBook)
https://doi.org/10.1007/978-3-658-20862-2

Die Deutsche Nationalbibliothek verzeichnet diese Publikation in der Deutschen National-
bibliografie; detaillierte bibliografische Daten sind im Internet über http://dnb.d-nb.de abrufbar.

Springer Vieweg
© Springer Fachmedien Wiesbaden GmbH, ein Teil von Springer Nature 2018

Gedruckt auf säurefreiem und chlorfrei gebleichtem Papier

Springer Vieweg ist ein Imprint der eingetragenen Gesellschaft Springer Fachmedien Wiesbaden
GmbH und ist Teil von Springer Nature
Die Anschrift der Gesellschaft ist: Abraham-Lincoln-Str. 46, 65189 Wiesbaden, Germany

Vorwort

Diese Arbeit entstand während meiner Anstellung am Forschungsinstitut für Kraftfahrwesen und Fahrzeugmotoren Stuttgart (FKFS) im Rahmen meines Projekteinsatzes in der Fahrwerksvorentwicklung der Porsche AG.

Mein besonderer Dank gilt dem Leiter des Lehrstuhls Kraftfahrzeugmechatronik des Insituts für Kraftfahrwesen der Universität Stuttgart, Prof. Dr.-Ing. Hans-Christian Reuss für die hervorragende Zusammenarbeit und Unterstützung während der gesamten Projektdauer. Ebenfalls großer Dank gilt Prof. Dr.-Ing. Lutz Eckstein vom Institut für Kraftfahrzeuge (ika) der RWTH Aachen für die Übernahme des Koreferats. Allen Mitarbeitern des Bereichs Kraftfahrzeugmechatronik sowie besonders dem Leiter des Fachbereichs, Dr. Gerd Baumann, danke ich ebenfalls sehr herzlich für die erstklassige Unterstützung und die stets sehr gute Arbeitsatmosphäre.

Dem Leiter der Fahrwerksvorentwicklung (EFV) der Porsche AG, Herrn Martin Winkler, und meinem Betreuer Herrn Uwe Reuter danke ich für die Ermöglichung dieser Arbeit sowie der wissenschaftlichen Freiheit, die sie gewährt haben. Ebenfalls ganz herzlich danken möchte ich der Abteilung Entwicklung Fahrwerk Fahrdynamik (EFF) für die fachlich sehr enge Zusammenarbeit. Besonderer Dank gilt den Herren Dr. Leonardo Pascali und Florian Strecker, ohne die diese Arbeit nicht möglich gewesen wäre.

Weiterhin sei hiermit allen Kollegen, Praktikanten und Werkstudenten gedankt, die mich tatkräftig unterstützt haben. Besonderer Dank gilt den Diplomanden und Masteranden Marc Ruhmann, Christoph Schlösser und Michael Hantschel, die mit ihren Arbeiten zum Gelingen der Arbeit beigetragen haben.

Nicht zu bemessen ist der Dank, den ich an meine Frau Désirée und meine Familie für die unermüdliche Unterstützung und Rücksichtnahme richten möchte.

Leonberg   Jan-Hendrik Herold

Inhaltsverzeichnis

Abbildungsverzeichnis

Abkürzungen und Formelzeichen

Abkürzungen

ABD	Aktives Bremsen Differenzial
ACC	Adaptive Cruise Control
ALR	Variabler Allradantrieb
CAN	Controller Area Network
CDC	Continuous Damping Control
CVSI	Characteristic Velocity Stability Indicator
DIN	Deutsche Industrie Norm
EG	Eigenlenkgradient
EPS	Electric Power Steering
ERF	Elektrorheologische Flüssigkeit
ESM	Einspurmodell
ESP	Elektronisches Stabilitätsprogramm
FKFS	Forschungsinstitut für Kraftfahrwesen und Fahrzeugmotoren Stuttgart
FZB	Fahrzustandsbeobachter
GPS	Global Positioning System
gQS	geregelte Quersperre
GUI	Graphical User Interface
HAL	Hinterachslenkung
HSRI	Highway Safety Research Institute der Universität Michigan
ISO	Internationale Organistion für Normung
Kfz	Kraftfahrzeug
LIN	Local Interconnect Network
LRW	Lenkradwinkel
MKS	Mehrkörpersimulation
MOST	Media Oriented Systems Transport
MRF	Magnetorheologische Flüssigkeit
OEM	Original Equipment Manufacturer
OxTS	Oxford Technical Solutions
PASM	Porsche Active Suspension Management
PDCC	Porsche Dynamic Chassis Management
PKW	Personenkraftwagen

PSM	Porsche Stability Management
PTM	Porsche Traction Management
PTV	Porsche Torque Vectoring
RLS	Recursive Least Squares
RMO	Realtime Model Optimization
RP	Rapid Prototyping
SI	Internationales Einheitensystem (frz. Système international d'unités)
SR	Sommerreifen
TV	Torque Vectoring
WR	Winterreifen
ZSM	Zweispurmodell

Formelzeichen

Zeichen	Einheit	Beschreibung
a	m/s^2	Beschleunigung
A	m^2	Fläche
a_{mom}	Nm	Additives Antriebsmoment des Geschwindigkeitsreglers
$a_{toleranz}$	–	Additiver Parameter zur Einstellung von $\delta_{toleranz}$
α	rad	Schräglaufwinkel
B	–	Pacejka-Faktor der Schräglauf- bzw. Schlupfsteifigkeit
β	rad	Schwimmwinkel
$\dot{\beta}$	rad/s	Schwimmwinkelgeschwindigkeit
C	–	Pacejka-Formfaktor
C_h	N/rad	Schräglaufsteifigkeit der Hinterachse
C_v	N/rad	Schräglaufsteifigkeit der Vorderachse
D	–	Pacejka-Faktor der max. übertragbaren Kraft
d_m	kg	Differenzmasse ausgehend von der initialisierten Fahrzeugmasse
d_x	m	Schwerpunktverschiebung in x_v-Richtung ausgehend von dem initialisierten l_v-Wert
δ	rad	Radwinkel um z_w
$\delta_{korridor}$	rad	Lenkwinkel, bei dem Unter-/Übersteuersignal eins werden

$\delta_{toleranz}$	rad	Tolerierter Lenkwinkel ohne Auslösen des Unter-/Übersteuersignals
δ_{ziel}	rad	Linearer Ziel-Lenkwinkel
E	$-$	Pacejka-Krümmungsfaktor
$\underline{E}$	$-$	Einheitsmatrix
η_{neig}	rad	Neigung der Fahrbahn (Winkel um x_v)
F	N	Kraft
γ	$-$	Abstimmparameter für die Parameter der Beobachtermatrix
$\underline{\gamma}(k)$	$-$	Korrekturvektor
J	$kg * m^2$	Trägheitsmoment
K	N/rad	Pacejka-Schräglaufsteifigkeit ($= BCD$)
$k_{\beta 0}$	$-$	Korrekturfaktor der $k_{\beta 0}$-Methode
k_δ	$-$	Korrekturfaktor der k_δ-Methode
k_{d_x}	$-$	Verstärkungsfaktor zur Einregelung von d_x
$k_{korridor}$	$-$	Faktor zur Einstellung von $\delta_{korridor}$
k_{mom}	$-$	Verstärkungsfaktor Geschwindigkeitsregler
k_{red}	$-$	Faktor zur Reduktion der Seitenkraft und Längskrafteinwirkung
k_{stat}	$-$	Grenzwert zur Detektion stationärer Fahrzustände ($a_y - v\dot{\psi} \le k_{stat}$)
$k_{toleranz}$	$-$	Faktor zur Einstellung von $\delta_{toleranz}$
l	m	Radstand
l_1, l_2	$-$	Parameter der Beobachtermatrix
l_h	m	Abstand zwischen Schwerpunkt und Hinterachse
l_v	m	Abstand zwischen Schwerpunkt und Vorderachse
$\underline{\underline{L}}$	$-$	Beobachtermatrix
$\lambda_{\mu y}$	$-$	Pacejka Skalierungsfaktor der maximal übertragbaren Seitenkraft
$\lambda_{antrieb}$	$-$	Drehmassenzuschlagsfaktor
λ_{Ky}	$-$	Pacejka Skalierungsfaktor der Schräglaufsteifigkeit
λ_{RLS}	$-$	RLS Forgetting Factor
λ_{steig}	rad	Steigung der Fahrbahn (Winkel um y_v)
m	kg	Masse
M	Nm	Drehmoment
M_{sperr}	Nm	Sperrmoment

$M_{z_{sys}}$	Nm	Von Fahrwerksystemen erzeugtes Fahrzeuggier-moment
μ	–	Reibwert
μ_{brems}	–	Reibwert zwischen Bremsbelag und -scheibe
n	$1/rad$	Drehzahl
ω_{rad}	rad	Raddrehzahl (Winkel um y_w)
p	N/m^2	Druck
$\underline{\underline{P}}(k)$	–	Kovarianzmatrix
φ	rad	Wankwinkel
$\dot{\varphi}$	rad/s	Wankwinkelgeschwindigkeit
$\ddot{\varphi}$	rad/s^2	Wankwinkelbeschleunigung
ψ	rad	Gierwinkel
$\dot{\psi}$	rad/s	Giergeschwindigkeit
$\ddot{\psi}$	rad/s^2	Gierbeschleunigung
$\underline{\psi}$	–	x-Datenvektor
q	–	Verhältnisse von $v * \dot{\psi}$
R	m	Radius
r_{eff}	m	Effektiver Reibradius der Bremse
s	m	Weg
sr	–	Stabilitätsreserve
t	s	Zeit
T_{Sample}	s	Samplezeit
τ	–	Lenkübersetzung
θ	rad	Nickwinkel
$\dot{\theta}$	rad/s	Nickgeschwindigkeit
$\ddot{\theta}$	rad/s^2	Nickbeschleunigung
$\underline{\hat{\theta}}(k)$	–	Parametervektor
v	m/s	Geschwindigkeit
W	–	Wichtungsfaktor
w	–	Wichtungsfaktor RLS-Verfahren
w_q	–	Wichtungsfaktoren der Verhältnisse von $v * \dot{\psi}$
X_E, Y_E, Z_E	m	Raumfestes Koordinatensystem
X_v, X_v, X_v	m	Fahrzeugfestes Koordinatensystem
x_w, y_w, z_w	m	Radträgerfestes Koordinatensystem
y	rad	y-Datenvektor (hier als Skalar des Schräg-laufwinkels)
z_{hoehe}	m	Federweg

Indices

$(\dots)_{comb}$	mit Reifenmodell zur kombinierten Dynamik berechnete Größe
$(\dots)_{esm}$	Einspurmodell
$(\dots)_{ges}$	gesamt
$(\dots)_h$	hinten
$(\dots)_{ident}$	der Identifikation dienende Größe
$(\dots)_{lrw}$	Lenkradwinkel
$(\dots)_{mod}$	Modell
$(\dots)_{mult}$	mit multiplikativem Störterm behaftetes Signal
$(\dots)_R$	radial
$(\dots)_{ref}$	Referenzsignal
$(\dots)_{roh}$	unbearbeitetes Signal
$(\dots)_{sens}$	Sensor
$(\dots)_{SR}$	Sommerreifen
$(\dots)_T$	Tangential
$(\dots)_v$	vorne
$(\dots)_{WR}$	Winterreifen
$(\dots)_{x,y,z}$	entlang der x-, y-, z-Achse

Kurzfassung

Die vorliegende Arbeit befasst sich mit der Vernetzung mechatronischer Systeme im Fahrwerk von Kraftfahrzeugen. Die zentralen Ziele sind Entwurf und Entwicklung eines ganzheitlichen Vernetzungskonzepts, das die Darstellung sportlichen Fahrverhaltens bei Beherrschung der Komplexität der Entwicklungsabläufe ermöglicht.

Aus einem umfassenden Blick auf vorhandene Systeme und Vernetzungsansätze werden die aus dem Ziel resultierenden Anforderungen und bei der Lösungsfindung geltende Randbedingungen erörtert. Im Weiteren wird ein Vernetzungskonzept ausgearbeitet, das als zentrales Element einen Fahrzustandsbeobachter einsetzt, der eng an in der Automobilindustrie vorhandene Entwicklungsumgebungen anknüpft.

Im nächsten Schritt wird der Fahrzustandsbeobachter detailliert. Zentral ist ein physikalisches Fahrzeugmodell. Dessen modulare Struktur wird derart aufgebaut, dass es mit Signalen, die heutige Fahrzeuge über ihre Datennetze bereitstellen, in Echtzeit betrieben werden kann. Um in wechselnden Bedingungen und bei veränderlichen Fahrzeugparametern eingesetzt werden zu können, ist die Online-Modellidentifikation vorwiegend der querdynamischen Eigenschaften des Beobachtermodells Schwerpunkt des nächsten Abschnitts. Die Identifikation wird auch unter der Einwirkung aktiver Fahrwerksysteme untersucht.

Abschließend werden die drei Fahrwerksysteme Hinterachslenkung, variabler Allradantrieb und aktive Dämpferverstellung in die Vernetzungsstruktur eingebunden und in einem Versuchsfahrzeug implementiert. Die Ergebnisse werden anhand umfangreicher Versuchsfahrten dargelegt.

Abstract

The present work deals with networking of mechatronic chassis systems in automotive vehicles. The central goals are layout and development of a comprehensive networking concept that enables sporty vehicle character whilst keeping the complexity of development processes at a minimum level.

From a thorough investigation of current chassis systems and networking concepts, the requirements regarding the formulated goal and the boundary conditions for its achievement are derived. Subsequently a networking concept is developed that uses a central vehicle state estimator which will be closely connected to contemporary development environments in automotive industry.

The next step is particularization of the vehicle state estimator. The core of it is a physical vehicle model. Its modular structure is designed in a way to enable its realtime applicability, using input signals from data systems of contemporary passenger cars. Furthermore it is very important for the state estimator to be able to cope with changing conditions and vehicle parameters. Therefore the focus of th next section is on the online identification predominantly of lateral dynamics properties. This is also investigated under the influence of active chassis systems.

Conclusively three chassis systems - rear wheel steering, active all-wheel drive and active damping - are integrated into the networking structure and a prototype vehicle. All results of this work are obtained through comprehensive test drives on proving grounds.

1 Einleitung

1.1 Motivation

Steigende Anforderungen an die Sicherheit der Fahrzeuginsassen haben die Entwicklungsschwerpunkte des PKW stets stark beeinflusst. Die Fahrzeugindustrie trieb diese Entwicklung zum Teil aus eigenem Antrieb voran, um Wettbewerbsvorteile zu generieren; zum Teil beschleunigten gesetzliche Vorgaben die Markteinführung von Sicherheitskomponenten. Diese können in Systeme der aktiven und passiven Sicherheit untergliedert werden. Zur passiven Sicherheit werden Systeme gezählt, die im Falle eines Unfalles die Unfallfolgen zu vermindern erstreben [83]. Systeme der aktiven Sicherheit dienen dazu, den Unfall gänzlich zu verhindern oder mindestens die Unfallschwere zu minimieren. Zu dem Bereich der aktiven Sicherheit sind nicht nur die fahrdynamischen Eigenschaften eines Fahrzeugs zu zählen, die bspw. die Fahrzeugreaktion in Notsituationen bestimmen, sondern auch aktive Systeme, die Einfluss auf die Fahrdynamik nehmen. Diese Systeme weisen zumeist einen mechatronischen Charakter auf, da sie in der Regel aus der interdisziplinären Verbindung eines Steuergeräts zur Berechnung eines Steueralgorithmus und einem mechanischen Aktor bestehen [16]. Das am weitesten verbreitete mechatronische Fahrwerksystem ist das ESP (Elektronisches Stabilitätsprogramm), das per EU Verordnung für alle ab dem 01.11.2014 in der EU zugelassenen Neufahrzeuge obligatorisch ist [22].

Neben dem ESP haben sich weitere mechatronische Systeme im Fahrwerk etabliert, die in der Regel zunächst in höherpreisigen Fahrzeugklassen eingeführt werden und den Markt dann nach und nach durchdringen. Diese Systeme dienen je nach Ausrichtung und Philosophie des jeweiligen Fahrzeugherstellers auch nicht notwendigerweise primär der Unfallvermeidung, sondern der Prägung des Fahreindrucks. Das bedeutet, sie greifen nicht erst bei einer erkannten Unfallgefahr in die Fahrdynamik ein, sondern arbeiten kontinuierlich und sind somit in den meisten Fahrsituationen aktiv. Um mit ihnen Wettbewerbsvorteile zu generieren und sich von der Konkurrenz zu differenzieren, werden sie abgestimmt, ein bestimmtes Markenbild zu repräsentieren. Auch die Wahrnehmbarkeit durch den zahlenden Kunden kann ein Aspekt der Auslegung sein. Z.B. können durch auf Knopfdruck veränderliche Eigenschaften Eingriffe in das Fahrwerk explizit wahrnehmbar gemacht werden. Mittlerweile haben sich aber nicht nur im Fahrwerk viele mechatronische Komponenten durchgesetzt. In einem neuen Fahrzeugtyp sind heute etwa 80 %

der Innovationen softwarebasierte Funktionen [15]. Dieser Trend ist gut in Abbildung 1.1 zu erkennen, welche die Einführung mechatronischer Fahrwerksysteme am Beispiel der Baureihe 911 der Firma Porsche visualisiert [26].

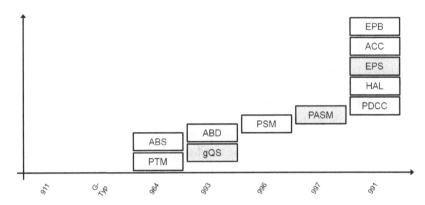

Abbildung 1.1: Verfügbarkeit mechatronischer Fahrwerksysteme in der Baureihe 911 der Firma Porsche mit Informationen aus [26]

Die rasant steigende Systemvielfalt birgt die Gefahr der singulären Betrachtung und Entwicklung der jeweiligen Systeme. Das bedeutet, dass die Systeme „nebeneinander her" existieren, ohne Synergien mit den Eingriffen anderer Systeme zu schaffen und ohne die vorhandenen Ressourcen in einem PKW hinsichtlich Rechenleistung optimal auszunutzen. Primär um die markentypische Ausprägung der fahrdynamischen Eigenschaften durch Zusammenwirken der Fahrwerksysteme zu fördern, wird eine starke Vernetzung der Systeme angestrebt. Doch ein weiterer Effekt muss beachtet werden: Die große Zahl an Varianten und Derivaten einer Baureihe, die der Markt heute verlangt, erfordert zusammen mit kürzer werdenden Modellzyklen effiziente Entwicklungsprozesse. Parallel existierende Systeme, die unter Umständen ähnliche oder gar gleiche mechatronische Komponenten wie Code-Teile, Sensoren oder gar Aktoren benötigen und diese im ungünstigsten Falle doppelt entwickelt werden, hemmen die Effizienz der Entwicklung deutlich.

1.2 Aufgabenstellung und Abgrenzung

Fokus dieser Arbeit ist die Entwicklung und Umsetzung eines umfassenden Vernetzungskonzepts für mechatronische Fahrwerksysteme, das eine auf Sportwagen ausgerichtete fahrdynamische Ausprägung der Systeme erlaubt. Dazu zählen besonders die Steigerung der fahrdynamischen Kenndaten gemessen an objektiven Kriterien und der sportlichen Fahrbarkeit, was ein überwiegend subjektives Kriterium ist. Das Vernetzungskonzept soll eine optimale Integrierbarkeit der Fahrdynamikregler in die Entwicklungsinfrastrukturen erlauben und effiziente Entwicklungsprozesse begünstigen. Dabei soll berücksichtigt werden, dass mindestens zentrale Elemente der Vernetzung durch den Fahrzeughersteller selbst entwickelt werden können und so Know-How über die markentypische Ausprägung von Fahrwerksystemen kultiviert werden kann.

Für die Vernetzung werden nicht mehr als die bei dem Projektpartner Porsche aktuell verfügbaren Fahrwerksysteme berücksichtigt. Dazu zählen die Dämpferregelung mit Luftfederung PASM (Porsche Active Suspension Management), der variable Allradantrieb PTM (Porsche Traction Management), die geregelte Quersperre gQS und das Aktive Bremsendifferenzial ABD (unter PTV = Porsche Torque Vetoring zusammengefasst), die Wankstabilisierung PDCC (Porsche Dynamic Chassis Control) und die Hinterachslenkung HAL. Die Ermittlung des Reibwerts zwischen Reifen und Fahrbahn ist nicht primäre Aufgabe der Arbeit. Eine ungefähre Abschätzung des Reibwerts wird vorausgesetzt und kann als Eingang verwendet werden.

1.3 Aufbau dieser Arbeit

Die Arbeit gliedert sich in sieben Kapitel. Nach der Einleitung stellt das zweite Kapitel die Grundlagen der Fahrdynamik vor und zeigt den aktuellen Stand der Technik bezüglich Fahrwerksystemen, Vernetzung und Datennetzen im Kraftfahrzeug (Kfz) auf. Im dritten Kapitel wird ein umfassendes Vernetzungskonzept für Fahrwerksysteme entworfen, das über die Systemgrenzen des Fahrzeugs hinausgeht. Dieses sieht einen zentralen Fahrzustandsbeobachter vor, dessen Struktur detailliert im vierten Kapitel dargelegt wird. Das fünfte Kapitel geht auf die Besonderheiten der Online-Modellidentifikation eines Fahrzeugs ein, das unter dem Einfluss von Fahrwerksystemen steht. Die Funktion des gesamten Vernetzungskonzepts von der

Integration in die Entwicklungsinfrastruktur, über die Funktion des Fahrzustandsbeobachters, bis hin zur Ansteuerung von Fahrwerksystemen im prototypischen
Fahrversuch wird in Kapitel sechs nachgewiesen. Kapitel sieben schließt die Arbeit
mit einer Zusammenfassung und einem Ausblick auf zukünftige Entwicklungsfel-
der ab.

In dieser Arbeit werden zwei Arten für die Darstellung von Signalverläufen und
Ergebnisdiagrammen verwendet. Bei Darstellung einer einzigen Variante oder Kon-
figuration ist jedes Signal auf seinen in dieser Messung betragsmäßig auftretenden
Maximalwert normiert. Bei Vergleich mehrerer Varianten oder Konfigurationen sind
alle Signale gleicher Größe auf den in dieser Messung betragsmäßig auftretenden
Maximalwert des zugehörigen Signals der Referenzvariante normiert.

2 Stand der Technik und Grundlagen

Die fortschreitende Entwicklung auf dem Gebiet der mechatronischen Systeme im Fahrwerksbereich verlangt nach Methoden, welche die Komplexität der Systeme beherrschbar halten. Daher geht der Trend in Richtung modellbasierter Regelsystementwicklung. In diesem Kapitel werden die wichtigsten fahrdynamischen Grundlagen an Hand von Modellvorstellungen dargelegt. Weiterhin werden die für diese Arbeit relevanten Fahrwerksysteme sowie die bekannten Konzepte zur Vernetzung dieser Systeme vorgestellt. Abschließend werden die heutigen und zukünftigen technischen Möglichkeiten auf dem Gebiet der im Fahrzeug verfügbaren Rechentechnik abgebildet.

2.1 Fahrdynamische Grundlagen

2.1.1 Das Koordinatensystem

Als Basis für die Beschreibung der Umgebung und der Bewegung eines Kraftfahrzeugs dient innerhalb dieser Arbeit die Koordinatendefinition nach ISO 8855 [47] (ehemals DIN 70000). In dieser werden vier Koordinatensysteme festgelegt:

- Das ortsfeste Koordinatensystem liegt innerhalb der Fahrbahnebene und dient als Inertialsystem.

- Das fahrzeugfeste Koordinatensystem liegt im Fahrzeugschwerpunkt mit der x-Achse nach vorne gerichtet, der y-Achse nach links sowie der z-Achse nach oben.

- Das horizontierte Koordinatensystem ist gleich dem fahrzeugfesten mit dem Unterschied, dass es stets fahrbahnparallel bleibt.

- Das radfeste Koordinatensystem liegt im Radaufstandspunkt und ist in diesem fahrbahnparallel.

Die aufgeführten Systeme sind in Abbildung 2.1 illustriert. Die Fahrzeugbewegung wird im Sprachgebrauch und in dieser Arbeit wie folgt beschrieben: Translatorische Bewegungen entlang der drei Achsen X_V, Y_V und Z_V werden als Fahren, Schieben

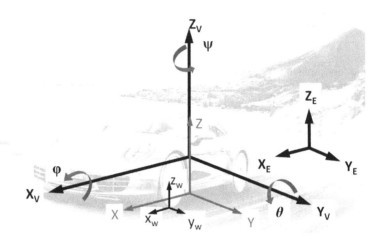

Abbildung 2.1: Koordinatensysteme

und Heben bezeichnet; rotatorische Bewegungen um diese Achsen als Wanken, Nicken und Gieren.

2.1.2 Modelle der Fahrzeugquerdynamik

Zur Beschreibung der Fahrzeugquerdynamik haben sich im Wesentlichen zwei Modellvorstellungen durchgesetzt: Das Einspur- und das Zweispurmodell. Auf beide wird hier kurz eingegangen. Weiterhin entscheidend für die Modellgüte von Fahrzeugmodellen ist die Abbildung des Reifenverhaltens. Als eines der am weitesten verbreiteten Modelle wird später in diesem Kapitel das Pacejka Reifenmodell vorgestellt.

Das Einspurmodell

Für die Fahrzeugquerdynamik ist das Einspurmodell mit seinen vielfach modifizierten Formen eines der wichtigsten Modelle. Sein Ursprung in linearer Formulierung geht auf [87] zurück. In der Literatur sind an vielen Stellen Beschreibungen des Einspurmodells - auch in abgewandelten Formen - zu finden. Beispielhaft dafür seien [1], [37], [70] und [115] genannt.

Als Basis wird das Modell unter folgenden Annahmen nach [115] vorgestellt:

- Die Radkräfte werden achsweise auf ein mittig angeordnetes Rad zusammengefasst.

- Der Schwerpunkt liegt in der Fahrbahnebene.

- Daraus resultiert, dass es keine Radlaständerungen geben kann.

- Längskräfte werden nicht betrachtet.

- Kleine Winkel werden linearisiert.

- Die Seitenkraftkennlinie des Reifens / der Achse ist linear.

Unter Berücksichtigung dieser Annahmen lässt sich das Einspurmodell für Kinematik und Kinetik schematisch darstellen wie in Abbildung 2.2 ausgeführt.

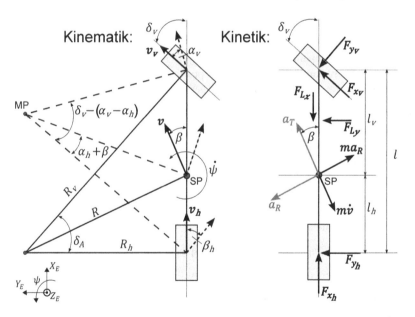

Abbildung 2.2: Kinematik und Kinetik am Einspurmodell

Daraus ergeben sich die Bewegungsgleichungen der Querdynamik zu:

$$m\frac{v^2}{R}\cos\beta + m\dot{v}\sin\beta - F_{y_h} - F_{x_v}\sin\delta_v - F_{y_v}\cos\delta_v = 0 \qquad \text{Gl. 2.1}$$

$$J\ddot{\psi} - F_{y_v}\cos\delta_v l_v - F_{x_v}\sin\delta_v l_v + F_{y_h} l_h = 0 \qquad \text{Gl. 2.2}$$

Die Schräglaufwinkel der Räder bzw. der Achsen berechnen sich unter der Annahme der Linearisierung kleiner Winkel dann zu:

$$\alpha_v = -\beta + \delta_v - l_v\frac{\dot{\psi}}{v} \qquad \text{Gl. 2.3}$$

$$\beta_h = -\beta + l_h\frac{\dot{\psi}}{v} \qquad \text{Gl. 2.4}$$

Diese Formulierung ist nicht konform mit der vorgestellten Vorzeichenkonvention, da die im Uhrzeigersinn zeigenden Schräglaufwinkel positive Werte annehmen. Um für die Schräglaufsteifigkeiten jedoch positive Werte zu erhalten, wird für die Schräglaufwinkel die hier gezeigte Formulierung übernommen.

Mit den oben getroffenen Vereinfachungen und Linearisierungen können die meisten relevanten Fragestellungen bearbeitet werden, da sich 85 % der Fahrer nach [70] auf trockenen Fahrbahnen im linearen Fahrdynamikbereich bewegen, der allgemein bis 4 m/s^2 Querbeschleunigung angegeben wird [25]. Für eine Erweiterung des Gültigkeitsbereiches sind verschiedene Modifikationen denkbar:

- Erweiterung um einen Wankfreiheitsgrad (bspw. [116], [61])
- Erweiterung um einen Nickfreiheitsgrad
- Kopplung mit Längsdynamikmodellen (bspw. [111])
- Nichtlineare Seitenkraftmodellierung (bspw. [78], [113], Unterabschnitt 2.1.3)

Diese Abwandlungen bleiben hier nur erwähnt, da in dieser Arbeit ein lineares Einspurmodell verwendet wird.

Das Zweispurmodell

Unter dem Begriff Zweispurmodell sind in der Literatur verschiedene Modelldefinitionen zu finden. Zur Fahrdynamiksimulation hat sich ein Modell durchgesetzt, das die vier Radmassen inklusive der ungefederten Massen der Radaufhängung über die Reifensteifigkeit an die Straße koppelt und eine Aufbaumasse und -trägheit über die Aufbaufedern an den Radmassen abstützt. Als Eingänge werden die Reifenkräfte in den drei Raumrichtungen für alle vier Räder unabhängig berechnet. Die Radbewegung wird relativ zum Fahrzeug individuell für jedes Rad berechnet. Die Freiheitsgrade der Radmassen sind die Einfederung und das Rollen. Die translatorische Bewegung in x-Richtung (Radstandänderung), in y-Richtung (Spurweitenänderung) sowie die rotatorische Bewegung um die x-Achse (Sturzwinkel) und die z-Achse (Spurwinkel) werden in Abhängigkeit der Einfederung über Kennfelder bzw. den aufgeprägten Lenkwinkel wiedergegeben. Der Aufbau verfügt über sechs Freiheitsgrade, sodass das Modell insgesamt über 14 Freiheitsgrade verfügt [21], [70]. Kinematik und Kinetik gestalten sich analog Abbildung 2.2 jeweils für die Räder statt der Achsen.

Die Berechnung der Kräfte, die in x- und y-Richtung über die Reifen in das Modell eingeleitet werden, erfolgt außerhalb des Aufbaumodells (vgl. Unterabschnitt 2.1.3). Damit ist das verwendete Zweispurmodell kein reines Modell der Querdynamik mehr, sondern ein Gesamtfahrzeugmodell, das zusätzlich die Domänen Längs- und Vertikaldynamik bedient.

Aus diesem Grund wird hier auf eine genauere Betrachtung reiner Vertikaldynamikmodelle verzichtet.

2.1.3 Reifenmodelle

Als einzigem Bauteil, das Kräfte zwischen Fahrzeug und Fahrbahn übertragen kann, kommt dem Reifen eine besondere Bedeutung zu [20]. Für die Modellierung des Fahrverhaltens eines Kraftfahrzeugs ist die genaue Abbildung des Reifenverhaltens essenziell. Die oben beschriebenen Modelle der Fahrzeugdynamik (Unterabschnitt 2.1.2) sind in ihrer Abbildungsgenauigkeit stark von der Güte der Reifenmodellierung abhängig.

Aufgrund der nichtlinearen Eigenschaften und der vielfältigen Abhängigkeiten von Randbedingungen wie Betriebstemperatur, Reifenluftdruck, Reifenverschleiß oder Reifenalter ist die Modellierung des Reifens sehr komplex. Grundsätzlich kann zwischen theoretischen Modellen, bei denen einzelne physikalische Effekte modelliert werden, und solchen, bei denen die Gesamtheit der Eigenschaften abgebildet wird, unterschieden werden. Die Modelle der zweiten Gruppe eignen sich aufgrund des niedrigeren Rechenaufwandes zur Fahrdynamiksimulation [113]. Unter ihnen wird weiterhin zwischen physikalischen und mathematischen Ansätzen unterschieden.

Tabelle 2.1: Vergleich verschiedener Möglichkeiten zur Modellierung der Reifenkräfte in Anlehnung an [7]

	a) reine Begrenzung	b) linear ohne Begrenzung	c) linear mit Begrenzung	d) nichtlinear	e) nichtlinear mit variabler Kraftschlussgrenze
Kraftaufbau	$F_{x/y}$ ⌐ ... κ/α	$F_{x/y}$ / ... κ/α	$F_{x/y}$ ⌐--- ... κ/α	$F_{x/y}$ ⌐-- -- ... κ/α	$F_{x/y}$ ⌐--- ... κ/α
Vorteile	· keine Berechnung von Schlupf / Schräglaufwinkel nötig · reine Begrenzung der Sollwerte	· einfacher Aufbau · analytische Lösung möglich	· relativ einfacher Aufbau · Begrenzung der Sollwerte	· Begrenzung der Sollwerte · Abbildung der nichtlinearen Eigenschaften	· Berücksichtigung veränderlicher Fahrbahnbedingungen · Begrenzung der Sollwerte · Abbildung der nichtlinearen Eigenschaften
Nachteile	· nur kinematische Betrachtung möglich · unstetig	· im nichtlinearen Bereich ungültig · keine Begrenzung des Kraftschlusses	· Strukturumschaltung erfolgt diskret · unstetig	· Rechenaufwand	· Kraftschlussgrenze der Reifen muss bekannt sein

Für diese Arbeit sind lediglich mathematische Modelle, deren Parameter sich physikalisch interpretieren lassen, relvant. Man spricht von halbempirischen Modellen.

Tabelle 2.1 zeigt eine Abstufung von einfachen hin zu komplexen halbempirischen Modellen. Variante a unterscheidet sich von den anderen Modellen dahingehend, dass kein Zusammenhang zwischen Schräglaufwinkel und Seitenkraft hergestellt, sondern lediglich eine einfache Begrenzung der maximalen Reifenkraft dargestellt wird. Variante b geht von einem linearen Zusammenhang zwischen Schräglaufwin-

Tabelle 2.2: Analytische Darstellungen der μ-Schlupf-Kurve nach [112]

Modellansatz	Analytische Darstellung der μ-Schlupf-Kurve
Burckardt	$\mu = a_0 * (1 - \exp(-a_1 * \kappa)) - a_2 * \kappa$
HSRI-Modell	$\mu = a_0 * \kappa$ für $\kappa \leq \kappa_k; \mu = \mu_0 - a_1 * \kappa$ für $\kappa \geq \kappa_k$
Pacejka	$F_{y0} = D_y sin \left[C_y \, atan \left\{ B_y \kappa_y - E_y(B_y \kappa_y - atan(B_y \kappa_y)) \right\} \right]$
Polynomansatz	$\mu = a_0 + a_1 * \kappa + a_2 * \kappa^2$

kel und Seitenkraft aus, der allerdings keiner Begrenzung unterliegt. Eine solche kann auf verschiedene Weise stetig oder unstetig, in variabler Höhe oder fest dargestellt werden. [112] stellt die analytischen Darstellungen der Kraftschluss-Schlupf-Kurven für die gebräuchlichsten halbempirischen Modelle gegenüber (vgl. Tabelle 2.2). Das Modell nach Pacejka geht auf Arbeiten aus den Achtziger Jahren zurück [75] und wurde kontinuierlich weiterentwickelt. Für diese Arbeit wird die

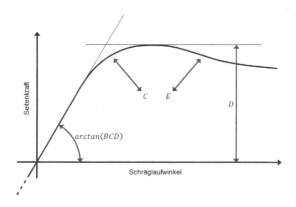

Abbildung 2.3: Interpretation der Parameter des Pacejka Reifenmodells nach [100]

Formulierung nach [100] verwendet. An dieser Stelle wird ein genereller Überblick über das Modell gegeben. Der Schwerpunkt dabei wird auf das querdynamische Reifenverhalten gelegt. Für das längsdynamische Verhalten ergeben sich durch Ersetzen des Schräglaufwinkels α durch den Längsschlupf κ und der Seitenkraft F_y durch die Längskraft F_x analoge Zusammenhänge. Die Parameter der Grundformel zur Berechnung der Seitenkraft nach Pacejka 2.5 berechnen sich gemäß der Gleichungen 2.6, 2.7, 2.8, 2.9, 2.10 und 2.11. Nach Abbildung 2.3 sind sie physikalisch interpretierbar. Der Faktor K_y repräsentiert die Schräglaufsteifigkeit in Abhängigkeit von der Radlast F_z und dem Radsturz γ. Im Ursprung gilt $dF_y/d\alpha = BCD$. Der Faktor D gibt die maximal übertragbare Seitenkraft ebenfalls in Abhängigkeit von Radlast und Sturz an. Die Faktoren C und E dienen im Wesentlichen zum Anpassen des Seitenkraftkurvenverlaufs im nichtlinearen Übergangsbereich vor Erreichen des Seitenkraftmaximums sowie des Verlaufs im instabilen Bereich nach Überschreiten des Maximums.

$$F_{y0} = D_y \sin\left[C_y \cdot \arctan\left\{B_y\alpha_y - E_y(B_y\alpha_y - \arctan(B_y\alpha_y))\right\}\right] \qquad \text{Gl. 2.5}$$

$$B_y = \frac{K_y}{C_yD_y} \qquad \text{Gl. 2.6}$$

$$C_y = p_{Cy1} \cdot \lambda_{Cy} \qquad \text{Gl. 2.7}$$

$$D_y = \mu_y \cdot F_z \qquad \text{Gl. 2.8}$$

$$E_y = (p_{Ey1} + p_{Ey2} \cdot df_z)\left\{1 - (p_{Ey3} + p_{Ey4} \cdot \gamma_y)sgn(ay)\right\}\lambda_{Ey} (\leq 1) \qquad \text{Gl. 2.9}$$

$$K_y = p_{Ky1}F_{z0}\sin\left[2\arctan\left\{\frac{F_z}{p_{Ky2}F_{z0}\lambda_{Fz0}}\right\}\right]$$

$$(1 - p_{Ky3}|\gamma_y|)\lambda_{Fz0}\lambda_{Ky} \qquad \text{Gl. 2.10}$$

$$\mu_y = (p_{dy1} + p_{dy2}df_z)(1 - p_{dy3}(\gamma_y)^2)\lambda_{\mu_y} \qquad \text{Gl. 2.11}$$

2.2 Mechatronische Systeme im Kraftfahrzeug

In modernen Kraftfahrzeugen wird das Fahrverhalten nicht mehr alleine durch die Auslegung der mechanischen Fahrwerkskomponenten Tragfedern, Schwingungs-dämpfer, Stabilisatoren, Kinematik und Elastokinematik definiert. Es kommen mechatronische Systeme im Fahrwerk zum Einsatz. Diese ermöglichen es, das Fahrverhalten abhängig von gemessenen oder berechneten Zustandsgrößen wie der Gierrate $\dot\psi$ oder dem Schwimmwinkel β zu beeinflussen. [7] stellt fest, dass eine Regelung des Schwimmwinkels des Fahrzeugs unabhängig vom genutzten Aktor zwar der Stabilität dienlich ist, sich allerdings negativ auf die Kurshaltung auswirkt. Eine Gierratenregelung wiederum wirkt sich gegensätzlich aus. In der Auslegung der Bestimmung der Stellgröße liegt also großes Potenzial, das Fahrverhalten zu prägen und Differenzierungsmerkmale vom Wettbewerb zu schaffen.

Bei den Fahrwerksystemen kann grundsätzlich zwischen Systemen unterschieden werden, die den Fahreindruck im Normalfahrbereich prägen, und Systemen, die vorwiegend der Sicherheit dienen und nur in Notsituationen eingreifen. In diesem

Kapitel werden die Fahrwerksysteme in ihrer prinzipiellen Funktion, ihren Einflüssen auf das Fahrverhalten (und ihren Auslegungskriterien) beschrieben, die für diese Arbeit relevant sind.

2.2.1 Hinterachslenkung

Das erste deutsche Patent zur Verbesserung des Fahrverhaltens durch eine Hinterachslenkung (HAL) wurde 1981 von Nissan eingereicht [61], [48]. In der Folge entwickelten viele Automobilhersteller Hinterachslenkungen. Das erste in Serie produzierte Fahrzeug mit einer Hinterachslenkung war der Honda Prelude von 1987 [61]. Aufgrund technisch begrenzter Möglichkeiten zu dieser Zeit waren die meisten Systeme sehr einfach ausgeführt. Mechanische Systeme erlaubten lediglich eine reine Abhängigkeit des hinteren Lenkwinkels vom Lenkradeinschlag. Ein konstanter Faktor zwischen vorderem und hinterem Lenkeinschlag ist jedoch nicht geeignet, das Fahrverhalten in allen Fahrsituationen positiv zu beeinflussen [86]. Die fortschreitende Entwicklung auf dem Gebiet mechatronischer Komponenten und wachsende Steuergerätkapazitäten boten schließlich die Möglichkeit, komplexe Steuerungen und Regelungen für das System so zu entwickeln, dass in allen Fahrsituationen ein Nutzen gezogen werden kann.

Systembeschreibung

Moderne Hinterachslenksysteme greifen fast ausschließlich auf elektromechanische Aktoren zurück (bspw. [39]). Dies ist nicht nur ein Resultat der Forderung nach schnellem Ansprechverhalten, sondern auch der Forderung nach einem hohen Wirkungsgrad sowie minimalem Energieverbrauch bei konstantem Lenkwinkel [59]. Kraus fordert weiterhin einen Verstellbereich von $\pm 3,5°$ und Fail-Safe-Verhalten im Fehlerfall.

Somit bestehen die Systeme aus der Sensorik zur Erfassung der benötigten Eingangssignale des Ansteueralgorithmus, mindestens einem Steuergerät, auf dem der Algorithmus gerechnet wird und der Aktorik zum Stellen des Lenkwinkels. Die typischen Eingangssignale sind der Lenkradwinkel δ_H, Quer- und Längsbeschleunigung a_y und a_x die Gierrate ψ und die Raddrehzahlen ω_{rad} zur Ermittlung der Fahrgeschwindigkeit. Da diese Signale in der Regel auch von anderen Systemen benötigt werden, ist selten zusätzlicher Aufwand für Sensorik zu treiben.

Rechenkapazitäten für den Einsatz im Automobil unterliegen hohen Anforderungen an Fehlertoleranz, Temperaturschwankungen, Erschütterungen und Ausfallsicherheit. Da die Hinterachslenkung ein System ist, das die Kurshaltung beeinflussen kann [7], werden an ihr Steuergerät besonders hohe Sicherheitsanforderungen gestellt. Dies kann dazu führen, dass allein für ihre Funktion ein eigenes Steuergerät verbaut werden muss und ihr Algorithmus nicht auf einem bereits vorhandenen Steuergerät mitgerechnet werden kann. Um Redundanz zu schaffen, kann besonders beim Einsatz von radnahen Einzelaktoren durch Sicherheitsanforderungen ein zweites Steuergerät nötig werden [64].

Somit haben Einzelaktoren im Vergleich zu einem Aktor, der beide Räder verstellt, zwar den Nachteil des größeren Aufwands bezüglich Rechenkapazität und Hardware, bieten jedoch auch ein größeres Funktionsspektrum. Sie erlauben die Verstellung des Vorspurwinkels, durch den z.B. die Schräglaufsteifigkeit der Hinterachse verändert werden kann.

Einflüsse auf Fahrdynamik und Fahrkomfort

Die fahrdynamischen Ziele, die mit dem Einsatz einer Hinterachslenkung verfolgt werden, formuliert [59]. Neben einem Stabilitätsgewinn beim Bremsen in der Kurve und μ-Split Bedingungen werden direktes Ansprechverhalten - also eine Reduktion des Phasenverzugs zwischen Lenkradwinkel und Querbeschleunigung - sowie eine Verringerung der Neigung zum Überschwingen in dynamischen Fahrmanövern genannt [59]. Die Kompensation der Gierreaktion des Fahrzeugs auf Seitenwindböen wurde bspw. in [9] untersucht. Weiterhin sind eine Verringerung des Wenderadius, Agilitätssteigerung bei niedrigen Fahrgeschwindigkeiten, natürliches Fahrverhalten und Vorhersehbarkeit der Fahrzeugreaktion durch den Fahrer zu erzielen [64]. Daher lenken viele Systeme entgegen des Lenkradwinkeleinschlags bei niedrigen und gleichsinnig mit diesem bei hohen Fahrgeschwindigkeiten [39].

In der Literatur wird der Einsatz einer Hinterachslenkung häufig mit einer virtuellen Veränderung des Radstandes verglichen [115]. Das gleichsinnige Lenken ist vergleichbar mit der Verlängerung des Radstandes. Daher geht mit ihm auch eine Verbesserung des Geradeauslaufs und erhöhte Bedämpfung der Gierreaktion einher. Gleichung 2.12 zur Berechnung des Schräglaufwinkels der Hinterachse ist damit eine Erweiterung von 2.4:

$$\alpha_h = -\beta + l_h \frac{\dot{\psi}}{v} + \delta_h \qquad \text{Gl. 2.12}$$

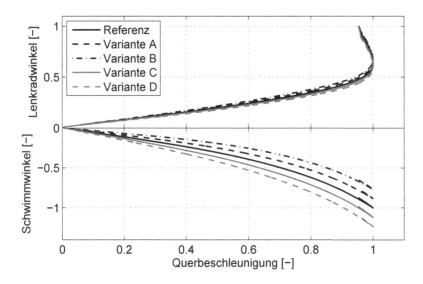

Abbildung 2.4: Beispielhafte Änderung von Lenkradwinkel- und Schwimmwinkelbedarf durch Einsatz einer Hinterachslenkung

$$\beta_h = \alpha_h - \delta_h \qquad \text{Gl. 2.13}$$

Der auf die Hinterachse bezogene Schwimmwinkel sowie der Schwimmwinkel im Schwerpunkt können durch den Hinterachslenkwinkel δ_h direkt um dessen Betrag verändert werden. Abbildung 2.4 zeigt die prinzipielle Veränderung von Lenk- und Schwimmwinkelbedarf eines Fahrzeugs bei 100 km/h unter Vorhandensein einer Hinterachslenkung. Der Hinterachslenkwinkel steigt dabei linear proportional zum Lenkradwinkel an. Für die Varianten A und B gleichsinnig und für Varianten C und D gegensinnig.

Es wird deutlich, dass der auf die jeweiligen Maximalwerte bezogene Einfluss der Hinterachslenkung auf den Lenkradwinkelbedarf verglichen mit den Änderungen an der Hinterachse klein ist. Der Schwimmwinkelbedarf kann signifikant beeinflusst werden. Speziell im linearen Bereich ist eine Reduktion des Schwimmwinkels sinnvoll, um den Stabilitätseindruck zu verbessern. Eine Regelung zur vollständigen Kompensation des Schwimmwinkels wurde in [78] untersucht und für nicht zielführend begutachtet. Im Bereich großer Querbeschleunigungen sinkt der Einfluss einer Hinterachslenkung auf relevante fahrdynamische Größen [7], [23]. In diesem Bereich ist weniger der absolute Schwimmwinkel von Interesse als vielmehr das verbleibende, nicht genutzte Seitenkraftpotenzial der Hinterachse. Dieses kann mit einer Hinterachslenkung nicht beeinflusst werden. Dies visualisiert Abbildung 2.5. Während sich die Schräglaufsteifigkeit K_y virtuell ändert, bleibt das Seitenkraftpotenzial D_y gleich. Das stationäre Fahrverhalten kann durch eine Hinterachslenkung

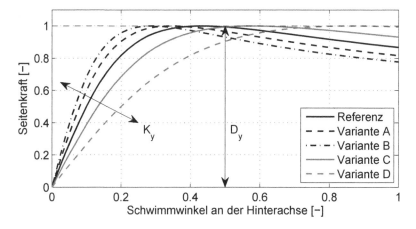

Abbildung 2.5: Beispielhafte Änderung der Seitenkraftkennlinie der Hinterachse mit einer Hinterachslenkung

positiv beeinflusst werden, indem eine erhöhte Schräglaufsteifigkeit simuliert wird. Dies käme dem Verwenden steiferer Reifen oder einer Radstandsverlängerung gleich. Im Dynamischen kann das Ansprechverhalten der Hinterachse verbessert werden, was einen verkleinerten Phasenverzug zwischen Lenkradwinkel und Querbeschleunigung bewirkt [39] und physikalisch einer Verkürzung der Einlauflänge der Hinterachse äquivalent ist.

Die Ansteuerlogik einer Hinterachslenkung wird häufig aus einem Vorsteueranteil und einem Regelanteil zusammengesetzt [39]. Die stärkere Gewichtung des Vorsteueranteils [64] hat „den Vorteil, dass sie technisch einfacher realisierbar ist und nicht wie Regelungen zur Instabilität neigen kann" [81]. Die Regelung kann hingegen auf äußere Einflüsse reagieren [78], leidet aber zusätzlich häufig unter Latenzzeiten des Regelkreises.

Im weiteren Verlauf dieser Arbeit wird unter Hinterachslenkung jeweils die radindividuelle Ansteuerung mit zwei radnahen Aktoren verstanden.

2.2.2 Torque-Vectoring

Den Begriff Torque-Vectoring (TV) definiert Ricardo Driveline & Transmission Systems als die Aufteilung der Brems- und Antriebsmomente zwischen den Achsen und zwischen den Rädern einer Achse zur Beeinflussung der Fahrzeugdynamik [110]. Die Momente sollen dabei so verteilt werden, dass sich eine optimale Beschleunigung ergibt und die Querdynamik positiv durch das erzeugbare Giermoment beeinflusst wird [60]. Die radindividuelle Verteilung von Momenten zur Beeinflussung der Gierbewegung wurde 1992 vorgestellt [98]. Als gängige aktive Systeme zur Beeinflussung der Radmomentenverteilung haben sich geregelte Differenzialsperren, Überlagerungsgetriebe, radindividuelle Bremseingriffe und radindividuelle Kupplungen in Querrichtung etabliert [42]. In Längsrichtung können die aktiven Systeme in geregelte Mittensperren, variable Momentenverteilung mit Überlagerungsgetrieben und geregelte Kupplungen unterteilt werden [42]. Der Fokus in dieser Arbeit liegt auf Differenzialen mit variablem Sperrgrad (gQS = geregelte Quersperre) und radindividuellen Bremseingriffen (ABD = Aktives Bremsen Differenzial) an der Hinterachse sowie variabler Antriebsmomentenverteilung zwischen Vorder- und Hinterachse per kontinuierlich zuschaltbarer Vorderachse über eine Lamellenkupplung (ALR = Variabler Allradantrieb). Diese drei Systeme werden im Folgenden näher vorgestellt.

Systembeschreibung

Geregelte Quersperre Ein Differenzial koppelt die Räder einer Achse. Die beiden Extrema sind ein offenes Differenzial ohne Drehzahlkopplung zwischen beiden Rädern und eine Starrachse, bei der beide Räder immer gleiche Drehzahl haben. Eine geregelte Quersperre (gQS) erlaubt eine kontinuierlich verstellbare Kopplung. Der Sperrgrad wird i.d.r. in Prozent angegeben. 0 % Sperrgrad sind einem offenen Differenzial äquivalent, 100 % Sperrgrad einer Starrachse. Die mechanische Kopplung zwischen den Radwellen kann über eine Lamellenkupplung erreicht werden. Die Eigenschaften einer Kupplung bedingen, dass das Antriebsmoment immer nur von dem schneller auf das langsamer drehende Rad übertragen werden kann [50]. Für den Algorithmus zur Berechnung des gewünschten Sperrmoments muss also der aktuelle Fahrzustand bekannt sein. Die notwendige Sensorik ist ähnlich der, die für ein Hinterachslenkungssystem benötigt wird. Zusätzlich sind hier allerdings Sensoren zur Messung der Raddrehzahlen ω_{rad} und zur Überwachung der Lammellenkupplung essenziell. Da mit der geregelten Quersperre nicht aktiv in die Kinematik des Kraftfahrzeugs eingegriffen werden kann, sind die Sicherheitsanforderungen an Steuergeräte niedriger als bei einem Hinterachslenkungssystem.

Aktives Bremsen Differenzial   Das Aktive Bremsen Differenzial (ABD) ermöglicht das Abbremsen einzelner Räder der Hinterachse durch Nutzung der Aktorik des Elektronischen Stabilisierungs Programms (ESP). Das ESP verfügt u.a. über eine Hydraulikpumpe, Druckspeicher und radnahe Ventile zur radindividuellen Regelung des Bremsdrucks. Dadurch wird es ermöglicht, einzelne Räder auch im Antriebsfall abzubremsen. Da ein ESP in Neuwagen in der EU seit 2014 zur Pflichtausstattung gehört [22], wird häufig keine zusätzliche Sensorik benötigt.

Variabler Allradantrieb   Wie beschrieben, wird in dieser Arbeit ein sogenanntes *Hang-On der Vorderachse* Layout vorausgesetzt. Das heißt, dass die Hinterachse dauerhaft angetrieben wird, während die Vorderachse über eine Lamellenkupplung variabel mit Antriebsmoment beaufschlagt werden kann. Das Moment, das beim variablen Allradantrieb (ALR) an die Vorderachse geschickt wird, ist abhängig von der Kraft, mit der das Lamellenpaket gepresst wird. Diese kann z.b. hydraulisch, elektromotorisch oder magnetisch [37] erzeugt werden. Ähnlich der geregelten Quersperre gilt, dass das Drehmoment nur von einer schneller auf eine langsamer drehende Welle übertragen werden kann. Im Falle des Allradantriebs ist es allerdings problemlos möglich, über unterschiedliche Achsübersetzungen an Vorder- und Hinterachse sicherzustellen, dass das Moment von hinten nach vorne übertragen wird. Für Sensorik und Steuergerät gilt Gleiches wie für die geregelte Quersperre.

Einflüsse auf Fahrdynamik und Fahrkomfort

Geregelte Quersperre   Bei einem offenen Differenzial erfährt jedes Rad einer Achse das gleiche Moment. Das bedeutet auch, dass das niedrigere absetzbare Moment das Gesamtmoment bestimmt. Dies ist z.b. bei Kurvenfahrt mit hoher Querbeschleunigung relevant. Die Radlast am kurveninneren Rad und damit das absetzbare Moment werden deutlich reduziert. Dadurch wird das an das kurvenäußere Rad gehende Moment begrenzt. Eine Quersperre kann diesem Effekt entgegen wirken und das Beschleunigungsvermögen aus Kurven heraus verbessern [37], da die Kopplung bei voller Sperrung nicht über die Antriebsmomente, sondern über die Drehzahlgleichheit besteht. Der gleiche Effekt tritt auch bei einseitig abgesenktem maximalen Kraftschluss auf.

Die Verbesserung der Traktion aus Kurven heraus hat auch Auswirkungen auf die Querdynamik des Fahrzeugs. Während bei stationären Kurvenfahrten die kinematische Drehzahldifferenz dominiert, die sich bei schlupffreiem Abrollen der Räder aus dem Kurvenradius [23], der Querbeschleunigung und der Spurweite ergibt, wird diese bei hohen Quer- und Längsbeschleunigungen von der elastischen Drehzahldifferenz überlagert. Die elastische Drehzahldifferenz hängt vom Antriebsmoment und der Längskraftsteifigkeit C_K ab. Diese wiederum wird von der Radlast und damit der wirkenden Quer- und Längsbeschleunigung beeinflusst. Wird die elastische Drehzahldifferenz größer als die kinematische, kehrt sich die Gesamtdrehzahldifferenz um und das kurveninnere Rad dreht schneller als das äußere. Folglich kehrt sich auch die Richtung des Momentenflusses um. Das kurvenäußere Rad erhält mehr Antriebsmoment und die Momentendifferenz erzeugt ein eindrehendes statt wie zuvor ein ausdrehendes Giermoment um die Hochachse des Fahrzeugs. Die Abstimmung der geregelten Quersperre muss derart sein, dass der Fahrer nicht von einem plötzlichen Vorzeichenwechsel des Giermoments überrascht wird.

Beim Anbremsen einer Kurve kann eine Quersperre zur Stabilität der Hinterachse beitragen. Durch die Verzögerung des Fahrzeugs sinkt die Radlast und damit das Seitenkraftpotenzial an der Hinterachse. Wird beim Bremsen bereits in eine Kurve eingelenkt, besteht also die Gefahr, dass die Hinterachse ihr Seitenkraftpotenzial überschreitet und das Fahrzeug instabil wird. Durch die Sperrung der Hinterachse wird das aufgrund der kinematischen Drehzahldifferenz schneller drehende äußere Rad stärker gebremst als das kurveninnere. Dadurch entsteht ein stabilisierendes, aus der Kurve ausdrehendes Giermoment.

Aktives Bremsen Differenzial Das Aktive Bremsen Differenzial (ABD) erweitert den Funktionsbereich der geregelten Quersperre. Während die Richtung des Momententransfers bei dieser rein von der Drehzahldifferenz abhängig ist, können durch das ABD Rad- und Giermomente unabhängig von der Drehzahl der Räder aufgeprägt werden. Um ein Durchdrehen des kurveninneren Rades beim Herausbeschleunigen aus einer Kurve zu verhindern, ist neben der Sperrung des Differenzials ein Bremseingriff an diesem Rad sehr wirkungsvoll. Systembedingt werden allerdings Bremsverschleiß und Kraftstoffverbrauch gesteigert. Daher empfiehlt sich eine Nutzung des Systems ausschließlich im querdynamischen Grenzbereich [7]. In diesem Bereich liegt auch ein Schwerpunkt des Systems. Durch ein eindrehendes Giermoment kann die maximale Querbeschleunigung erhöht werden [50]. Durch die veränderte Momentenbilanz sinkt die Seitenkraft, die an der Vorderachse abgesetzt wird, während mehr Seitenkraft an der Hinterachse abgesetzt wird. Das frei werdene Seitenkraftpotenzial der Vorderachse kann dann genutzt werden. Dadurch steigt die maximal erreichbare Querbeschleunigung, die bei positiver Stabilitätsreserve durch die Vorderachse bestimmt wird (siehe Abbildung 2.6). Zu erkennen ist allerdings auch, dass der Schwimmwinkelbedarf größer wird. Dies resultiert einerseits aus der größeren Querbeschleunigung, die das aktive Fahrzeug erreicht,

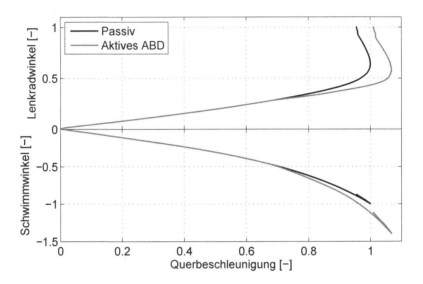

Abbildung 2.6: Beispielhafte Änderung von Lenkradwinkel- und Schwimmwinkelbedarf durch Einsatz eines ABD

und andererseits aus den Reifeneigenschaften bei gleichzeitiger Beanspruchung in Längs- und Querrichtung (vgl. Kamm'scher Kreis, bspw. [93]).

Bei einer sprungartigen Gaswegnahme bei Kurvenfahrt kann mit einem ABD die querdynamische Lastwechselreaktion des Fahrzeugs reduziert werden. Dabei wird das Eindrehen, das durch die Belastung der Vorderachse und Entlastung der Hinterachse entsteht, durch Abbremsen des kurvenäußeren Vorderrades verhindert.

Variabler Allradantrieb Der Allradantrieb kann keine Antriebsmomente zwischen linker und rechter Fahrzeugseite verschieben. Das Giermoment, das durch ein variables Allradsystem erzeugt werden kann, beschränkt sich auf die durch den Kamm'schen Kreis beschriebenen Reifeneigenschaften. Ein Reifen kann nur eine gewisse Gesamtkraft übertragen. Herrscht ein großer Anteil an Längskraft, kann dieser Reifen nur noch sehr wenig Seitenkraft übertragen. Daher ist der Einfluss eines variablen Allradsystems auf die Querdynamik auf den Bereich sehr großer Querbeschleunigung und den instabilen Bereich begrenzt, sodass maßgeblich besonders sportliche Fahrer profitieren können [37].

Im Bereich der Längsdynamik hat ein Allradantrieb hingegen sehr großen Einfluss auf die Traktion. Besonders auf Straßen mit niedrigem Reibwert ist der Allradantrieb maßgeblich an der Übertragung der Längskraft beteiligt, während er bspw. auf Autobahnen mit Hochreibwert nur zu 1 % am Vortrieb beteiligt ist [35]. Ein variabler Allradantrieb kann gemäß den Anforderungen der jeweiligen Fahrsituation angepasst werden. Dieser Vorteil kommt auch beim Herausbeschleunigen aus Kurven, also bei kombinierter Dynamik, zum Tragen. Durch Verschiebung des Antriebsmoments nach vorne kann der Fahrer am Kurvenausgang früher beschleunigen, da die Heckstabilität durch Beaufschlagung der Hinterachse mit Längskraft aufgrund des Reifenverhaltens unter kombinierter Dynamik (siehe auch Unterabschnitt 4.1.3) weniger leidet als bei reinem Heckantrieb.

2.2.3 Dämpferregler

Die Aufgabe von Schwingungsdämpfern im Fahrzeugbau ist es, Schwingungen des Aufbaus und einzelner Räder möglichst schnell abklingen zu lassen [102], [31]. Es ergibt sich zwangsläufig ein Zielkonflikt zwischen der Bedämpfung der Aufbauschwingungen und der Bedämpfung der Radlastschwankungen. Ein zur Fahrsicherheit beitragendes, schnelles Abklingen der Radlastschwankungen verlangt nach einem straffen Dämpfer. Die Reduktion der auf die Fahrzeuginsassen wirkenden Beschleunigungen verlangt nach einer geringen Bedämpfung der Aufbauschwingungen. Dieser Zielkonflikt kann zum Teil durch während der Fahrt verstellbare Dämpfer aufgelöst werden.

Systembeschreibung

Generell spricht man bei verstellbaren Dämpfern von CDC (Continuous Damping Control) [37]. Die Verstellung der Dämpfer kann durch unterschiedliche physikalische Mechanismen bewirkt werden. Die gängigste Weise ist die Änderung des Strömungswiderstands im Dämpfer durch eine mit einem Proportionalventil regelbare Blende. Das Ventil wird in der Regel elektrisch angesteuert. Kennwerte der Ventile sind die Art der Veränderung des Strömungsquerschnitts, die Verstelllatenz, der Energiebedarf und die Größe des Verstellbereichs.

Gängige alternative Prinzipien zur Beeinflussung der Dämpfkraft liegen in der Verwendung von magnetorheologischen (MRF) oder elektrorheologischen Flüssigkeiten (ERF). Dabei wird jeweils durch Anlegen eines Magnetfelds bzw. einer elektrischen Spannung eine Änderung der Viskosität des Dämpferfluids und folglich der Dämpfercharakteristik bewirkt [37]. Zwar existieren weitere Methoden zur Dämpferverstellung, diese haben sich im PKW-Bau jedoch nicht durchgesetzt und werden deshalb hier nicht behandelt.

Neben der Aktorik benötigt ein System zur Dämpferregelung ebenfalls ein Steuergerät und Sensoren. Wie beschrieben, kann mit einem Dämpferregler der Konflikt zwischen Fahrsicherheit und Fahrkomfort entspannt werden. Dazu muss der jeweils aktuelle Fahrzustand bekannt sein, der mit der bereits aufgelisteten Sensorik (Abschnitt 2.2.1, Abschnitt 2.2.2) erfasst werden kann. Da es sich um ein System der Vertikaldynamik handelt, sind allerdings zusätzliche Sensoren notwendig. Zur Messung des radindividuellen Federwegs z_{hoehe} werden sogenannte Höhenstandssensoren verwendet. Aus diesen kann zwar durch Differentiation des Signals die Dämpfergeschwindigkeit berechnet werden; der entstehende Zeitverzug wirkt sich jedoch negativ auf die Regelqualität aus, sodass häufig Kombinationen aus aufbaufesten oder radträgerfesten Beschleunigungssensoren und Höhenstandssensoren [73] eingesetzt werden. Durch Integration eines Beschleunigungssignals kann ein Zeitvorsprung gegenüber der Differentiation eines Wegsignals erreicht werden, sodass Latenzzeiten der Aktorik ausgeglichen werden können.

Einflüsse auf Fahrdynamik und Fahrkomfort

Ein reiner Dämpfer, der über kein aktives Kraftstellglied verfügt, hat nur bei dynamischer Anregung einen Einfluss auf das Fahrverhalten und den Fahrkomfort. Dies gilt daher auch für den Dämpferregler. Die dynamische Anregung kann von der Straße durch Bodenwellen, Schlaglöcher etc. ausgelöst oder durch den Fahrer bspw. durch ruckartige Fahrzustandsänderungen induziert werden. „So erzeugt beispielsweise ein kurzzeitiges Verhärten der Hinterachsdämpfer eine höhere Gierwilligkeit, wodurch der Wagen agiler einlenkt"[5]. Wobei zu beachten ist, dass dies lediglich für die instationäre Phase des Lenkvorgangs gilt. Sobald ein stationärer Zustand erreicht wird, hat der Dämpfer keinen Einfluss mehr. Es wurden verschiedene Strategien zur Dämpferregelung entwickelt. Für PKW hat sich die Maßgabe durchgesetzt, den Dämpfer so häufig wie möglich so weich wie möglich zu stellen, um den Fahrzeuginsassen maximalen Komfort bieten zu können. Erst in Situationen, die sicherheitsrelevant sind oder in denen dem Fahrer ein sportlicher Fahreindruck vermittelt werden soll, werden die Dämpfer verhärtet. Eine sicherheitsrelevante Fahrsituation ist eine Notbremsung. Den Einfluss eines verstellbaren Dämpfers auf den Anhalteweg haben bspw. [72] und [85] eingehend untersucht. Elemente daraus werden in Unterabschnitt 6.3.3 aufgegriffen.

2.3 Vernetzungskonzepte für mechatronische Fahrwerksysteme

Entscheidend für die Art und Weise wie ein Regelsystem das Fahrverhalten prägt, ist nicht nur das Aktorkonzept, sondern vielmehr die regelungstechnische Auslegung. In den letzten Jahren stand in der technischen Entwicklung stärker die Vernetzung dieser Regler als die Reglerentwicklung selbst im Vordergrund.

2.3.1 Friedliche Koexistenz

Der Stand der Technik auf dem Gebiet der Regelsystemvernetzung kann mit *Friedlicher Koexistenz* gut beschrieben werden [42], [37], [79]. Dieser Ansatz wird nach [60] charakterisiert durch einen einfachen Austausch von Sensordaten und Systemzuständen, dem Streben nach der Vermeidung von negativen Wechselwirkungen zwischen den Systemen und der Zuordnung von Funktionen zu einzelnen Aggregaten. Abbildung 2.7 stellt den Signalverlauf schematisch dar. Es ist zu erkennen, dass die einzelnen Systeme parallel arbeiten. Ähnliche Instanzen existieren mehrfach in verschiedenen Systemen. Zwar ist dadurch gewährleistet, dass die Systeme unabhängig voneinander [60] und auch bei Zulieferern [37] entwickelt werden können, jedoch werden mögliche Synergien zwischen den Systemen nicht optimal genutzt und die Applikation der Parameter ist sehr aufwendig.

Die Applikation repräsentiert in Form von Iterationsschleifen die Vernetzung. Das

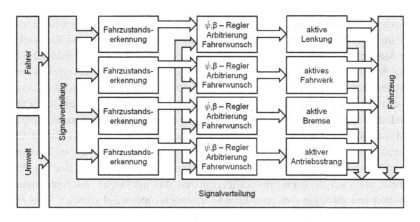

Abbildung 2.7: Schema der friedlichen Koexistenz nach [95]

bedeutet, die Vernetzung wird in den Entwicklungs- und Abstimmungsprozess vorverlagert. In diesem werden in der Regel definierte, gleichbleibende Auslegungsbedingungen vorausgesetzt, bei denen die Systeme aufeinander abgestimmt werden. Bei abweichenden Fahrzeug- oder Umweltparametern wird lediglich eine Abprüfung vorgenommen, die sicherstellt, dass keine unsicheren Zustände auftreten können. Dadurch kann allerdings die Abstimmung kompromittiert werden, sodass auch bei Auslegungsbedingungen nicht die optimale Leistung abgerufen werden kann.

2.3.2 Kooperative Koexistenz

Bei der *Kooperativen Koexistenz* sind die Systeme ähnlich wie bei der *Friedlichen Koexistenz* autonom. Allerdings existiert hier eine funktionsbasierte Ebene, auf der die Systeme die Unterstützung anderer Systeme anfordern können [60]. Dadurch entsteht ein Modell, durch das mehr Potenziale ausgeschöpft werden können als durch völlige Parallelität der Systeme. Allerdings ist der Abstimmaufwand aufgrund der Parallelität noch immer groß.

2.3.3 Fahrdynamikkoordinator

Anders als die beiden zuvor beschriebenen Vernetzungskonzepte sieht der Einsatz eines *Fahrdynamikkoordinators* eine zusätzliche Instanz vor. Die Systeme bleiben jedoch vollständig erhalten, während der zusätzliche Koordinator Zielkonflikte auflöst und Zusatzfunktionen schafft [79]. Der Koordinator priorisiert und überwacht die Stellanforderungen, die auf Systemebene berechnet werden. Abbildung 2.8 zeigt schematisch die Einordnung eines Koordinators in den Fahrwerkregelsystemverbund. Vorteil dieses Konzepts ist, dass zentral verhindert werden kann, dass Systeme gegeneinander arbeiten. Die Abstimmung vereinfacht sich daher dahin gehend, dass nicht alle möglichen Konflikte der Systeme auf Systemebene abgeprüft und aufgelöst werden müssen [37]. Allerdings bedeutet dies auch, dass sowohl die Systeme als auch der Koordinator abgestimmt werden müssen. [23] stellt einen Fahrdynamikkoordinator vor, der das Giermomentenpotenzial der Systeme in jeder Fahrsituation auf Basis im Entwicklungsprozess durchgeführter Untersuchungen bewertet und abhängig vom jeweiligen Giermomentenpotenzial arbitriert. Dies offenbart die Komplexität des Ansatzes. Wenn ein solcher Koordinator den Systemen als Master dient, liegt die vollständige Auflösung der Systeme und direkte Vorgabe der Stellgrößen durch den Koordinator nahe.

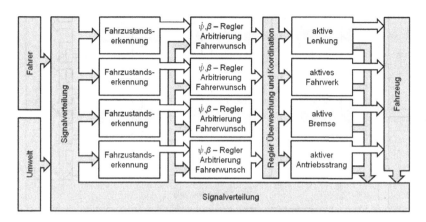

Abbildung 2.8: Schematische Darstellung der Systemvernetzung im Fahrwerk mit einem Koordinator angelehnt an [95]

2.3.4 Integralansatz

Der *Integralansatz* sieht den Einsatz eines zentralen Fahrdynamikreglers vor. Das bedeutet, dass die Systeme auf sogenannte *Intelligente Steller* reduziert werden. Diese stellen jeweils Informationen bezüglich bspw. der aktuellen Stellgröße, der Verfügbarkeit und dem aktuellen Leistungsbedarf bereit. Die zentrale Einheit gliedert sich in die Bereiche *Zentrale Fahrzustandsbeobachtung*, den [30] als Kernbereich bezeichnet, *Zentrales Zielfahrzeug*, das den Fahrerwunsch repräsentiert, und eine *Logik zur Aktorauswahl*, welche die Stelleingriffe situationsgerecht und abhängig der Aktorinformationen auf verschiedene Stellglieder aufteilt. Diesem Konzept sehr ähnliche Strukturen wurden u.a. in [30], [39], [61] und [55] beschrieben. [101] und [42] beschreiben eine kaskadierte Struktur, bei der zwischen dezentralen Aktuatorfunktionen und übergreifenden zentralen Fahrzeugfunktionen unterschieden wird. Generell vorteilig wirken sich besonders die zentrale Sensordatenaufbereitung [30], die zentrale Fahrzustandsbeobachtung [60] und die daraus resultierende Synchronisation aller Steller aus. Dadurch können gegensätzliche Eingriffe der Steller vermieden werden [79]. Weiterhin können durch die Zentralisierung Software-Redundanzen vermieden und Applikationskosten reduziert werden [55]. Die Berechnung aller Stelleingriffe mit einem zentralen Modell impliziert jedoch auch eine gewaltige Komplexität [79]. Beobachter- und Zielfahrzeugmodell sollten alle Freiheitsgrade abbilden, die mit den im Fahrzeug vorhandenen Stellern beeinflusst werden können. Die Abstimmung wird durch die Komplexität erschwert und prinzipiell auf den Personenkreis beschränkt, der den Regler entworfen hat.

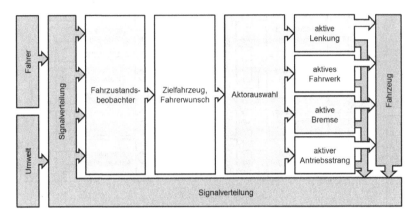

Abbildung 2.9: Schematische Darstellung eines zentralen Fahrdynamikreglers

Die Aufteilung der Funktionen in die Domänen Längs-, Quer- und Vertikaldynamik innerhalb des zentralen Moduls [42] hilft bei der Beherrschung der Komplexität. Übergreifend müssen allerdings sämtliche aktorspezifische Eigenschaften wie Latenzzeiten kompensiert werden. Die benötigte Rechenkapazität steigt und konzentriert sich auf ein einzelnes Steuergerät. Dies impliziert nicht nur hohe Kosten für das Gerät, sondern auch besonders hohe Anforderungen an die Ausfallsicherheit. Im Falle eines Ausfalls der zentralen Recheneinheit sind alle Fahrwerksteller ohne Funktion.

2.4 Wechselwirkungen der Vernetzung mechatronischer Systeme mit Kapazitäten von Datennetzen

Doch nicht nur an die im vorherigen Abschnitt beschriebenen Steuergeräte werden hohe Anforderungen durch die Fahrwerksystemvernetzung gestellt. Je nach Vernetzungsstruktur müssen auch die Netze zur Datenübertragung zwischen Steuergeräten, Sensoren und Aktoren unterschiedlichen Erfordernissen gerecht werden. Umgekehrt eröffnet die fortschreitende Entwicklung auf dem Gebiet der Datenübertragung neue Möglichkeiten für vernetzte Funktionen jeglicher Art.

Der Stand der Technik umfasst im Automobilbereich im Wesentlichen vier Bussysteme: CAN, FlexRay, MOST und LIN. Der CAN (Controller Area Network) ist das

älteste, standardisierte serielle Bussystem, das im Fahrzeug zur Anwendung kommt
[88]. Er ist durch die Normen ISO 11898-1 bis -6 [45] detailliert spezifiziert. Durch
die linienförmige Struktur mit Seitenästen ist er einfach erweiterbar und kann bis
zu 1 Mbit/s übertragen. Vorteilhaft ist außerdem, dass er in allen Spezifikationen
abwärts kompatibel ist [114]. Die Übertragung folgt dem Broadcasting-Prinzip,
wobei jeder Sender seine Nachricht mit einem Identifier und einer Priorisierung ver-
sieht. Die Empfänger wählen dann die für sie jeweils relevanten Nachrichten zum
Empfang aus. Die Priorisierung hat allerdings auch einen wesentlichen Nachteil
des CAN zur Folge. Durch die Beschränkung der Bandbreite können Situationen
auftreten, in denen niederpriore Nachrichten mit Verzögerung oder gar nicht übertragen werden [82].

Um diesen Nachteil zu kompensieren und die übertragbare Datenmenge zu erhöhen,
wurde FlexRay durch ein unabhängiges Herstellerkonsortium entwickelt. Die Übertragung erfolgt hier nach einem deterministischen Zeitscheibenverfahren, wobei
in einem angehängten Bereich weiterhin die Möglichkeit zur ereignisgesteuerten
Übertragung besteht [80]. Die Bandbreite wurde auf bis zu 2x10 Mbit/s erhöht,
wobei beide Kanäle auch redundant ausgeführt werden können. Somit können auch
sicherheitsrelevante Systeme bedient werden [30]. Bedingt durch die erweiterten
Möglichkeiten im Vergleich zum CAN muss allerdings auch ein deutlich erhöhter
Konfigurationsaufwand für FlexRay in Kauf genommen werden.

LIN (Local Interconnect Network) und MOST (Media Oriented Systems Transport)
wurden als Untersysteme im Kraftfahrzeug konzipiert. LIN arbeitet rein nach dem
Master-Slave-Prinzip und dient vorwiegend zur Steuerung von Komfortfunktio-
nen wie elektrischen Fensterhebern, Spiegel- und Sitzverstellungen. MOST ist
für die Erreichung hoher Datenübertragungsraten z.B. für Multimediafunktionen
konzipiert. Um mit mehreren Bussystemen in einem Fahrzeug arbeiten zu können
und Daten über Netzwerksegmentgrenzen hinweg übertragen zu können, kommen
Gateways zum Einsatz [108]. Dabei muss das Gateway unterschiedliche Zugriffs-
verfahren, Bandbreiten, Übertragungsmedien und Netzwerktakte handhaben. Die
so entstehende heterogene Netzwerkstruktur kann durch die erhöhte Komplexität
kostentreibend wirken [76].

Die Entwicklung von FlexRay zeigt den Trend hin zu leistungsfähigen Bussystemen,
die als Backbone im Fahrzeug fungieren und die Netzwerkstruktur vereinfachen.
Jüngste Entwicklungen zeigen jedoch eine Koexistenz von FlexRay und CAN,
sodass die Vereinfachung nur teilweise greift. Eine weitere Möglichkeit, höhere Datenübertragungsraten bei Reduktion der Komplexität und der Kosten zu erreichen,
stellt die Verwendung von Ethernet dar [76]. Der generelle Trend hin zu leistungsfähigen Datennetzen, die große Informationsmengen im Fahrzeug schnell und sicher

übertragen können, muss bei der Festlegung des funktionalen Vernetzungskonzepts (vgl. Abschnitt 2.3) beachtet werden. Er ermöglicht die Schaffung eines Verbundes aus vernetzten Steuergeräten, bei dem „die Regelaufgabe und Signalverarbeitung auf unterschiedliche Steuergeräte verteilt sind, die untereinander über Bussysteme in Verbindung stehen"[114]. Bezogen auf die Vernetzung von Fahrwerksystemen bedeutet dies, dass die benötigte Rechenkapazität auf verschiedene Steuergeräte im Verbund aufgeteilt werden kann. Regelalgorithmen können z.b. aktornah gerechnet werden, während die Datenaufbereitung zentralisiert wird. Somit kann die vollständige Zentralisierung der Rechenkapazität vermieden werden, die einen Engpass im Netzwerk darstellt und bei einem Ansatz mit Zentralregler und intelligenten Stellern unumgänglich wäre (vgl. Unterabschnitt 2.3.4).

3 Entwurf und Darstellung eines Vernetzungskonzepts für mechatronische Fahrwerksysteme

In diesem Kapitel wird ein umfassendes Vernetzungskonzept für mechatronische Fahrwerksysteme beschrieben. Zunächst werden Anforderungen an die Vernetzung aufgezeigt und dargelegt, welche Bereiche ihr zuzuordnen sind. Daraus leitet sich das Vernetzungskonzept ab, dessen zugrunde liegendes Fahrzustandsbeobachtermodell am Ende des Kapitels beschrieben wird.

3.1 Motivation und Gründe für die Vernetzung

Die steigende Anzahl im Fahrzeug verfügbarer mechatronischer Fahrwerksysteme erschwert den Fahrwerkentwicklungsprozess zunehmend. Einige Systeme haben sich überschneidende Wirkbereiche. Dadurch entsteht die Gefahr potenziell negativer Wechselwirkungen. Diese zu vermeiden gilt als primäre Motivation für die Vernetzung der Systeme im Fahrzeug [60]. Abbildung 3.1 stellt die *theore-*

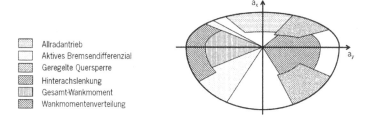

Abbildung 3.1: Fahrdynamische Bereiche, die mit Fahrwerksystemen beeinflussbar sind, im G-G-Diagramm

tisch möglichen Wirkbereiche verschiedener mechatronischer Fahrwerksysteme der Längs- und Querdynamikdomänen schematisch im G-G-Diagramm dar. Aus Übersichtlichkeitsgründen der Darstellung wurden die Systeme in der Darstellung auf Links- und Rechtskurven aufgeteilt. Es ist zu erkennen, dass das Fahrverhalten beispielsweise im nichtlinearen Querdynamikbereich durch einen Eingriff des

Aktiven Bremsendifferenzials oder der Änderung der Wankmomentenverteilung beeinflusst werden kann [24]. Während Bremseingriffe Energie aus dem System Fahrzeug nehmen und zu einer Verringerung der Geschwindigkeit führen, ändert die Wankmomentenverteilung lediglich die Radlastverteilung und damit die Seitenführungspotenziale der Achsen, wodurch die Geschwindigkeit nicht beeinflusst wird. Demnach überwiegt entweder der Sicherheits- oder der Sportlichkeitseindruck des Fahrzeugs. Eine eindeutige Zuordnung der Wirkbereiche zu den Systemen kann einen Großteil möglicher Wechselwirkungen im Fahrzeug bereits im Entwicklungsprozess auflösen.

Die funktionale Vernetzung der Fahrwerksysteme umfasst daher alle Maßnahmen zur effizienten Befähigung des Regelsystemverbundes zur Erreichung der fahrdynamischen Ziele.

Aus den beschriebenen Punkten leiten sich die Motivationen zur Vernetzung der Fahrwerksysteme ab, die nach Abbildung 3.2 in drei Gruppen gegliedert werden: Zusätzliche fahrdynamische Potenziale sollen erschlossen, die Komplexität in Abstimmung und Funktion beherrscht und die Kompetenzen in der Entwicklung gebündelt werden.

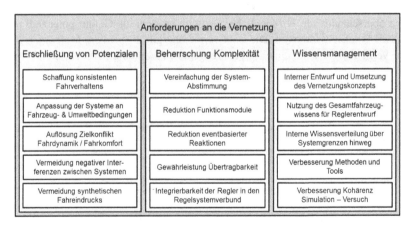

Abbildung 3.2: Grobe Gliederung der Motivation zur Regelsystemvernetzung im Fahrwerk

3.1.1 Anforderungen an die Vernetzung von Fahrwerksystemen

Bei der Erschließung fahrdynamischer Potenziale wird als oberstes allgemeingültiges Ziel die Verbesserung der Regelqualität der Fahrwerksysteme genannt. Das Fahrverhalten, besonders von sportlichen Fahrzeugen, muss konsistent sein und darf nicht synthetisch wirken. Das heißt, die Fahrzeugreaktion muss für den Fahrer zu jedem Zeitpunkt vorhersehbar und reproduzierbar sein. Dies gilt auch für wechselnde Fahrzeug- und Umweltbedingungen, wobei dem Fahrer jedoch notwendige Informationen nicht vorenthalten werden dürfen. Daher muss eine Anpassung der Systeme entweder stets langsamer als die Änderungen der Randbedingungen vollzogen oder aber durch den Fahrer z.B. durch Knopfdruck bewirkt werden. Die Vernetzung muss auch dazu beitragen, den Zielkonflikt zwischen Fahrdynamik und Fahrkomfort aufzulösen. Eine eindeutige Zieldefinition für alle Systeme hilft hier ebenso wie sie negative Wechselwirkungen zwischen den Systemen verhindert.

Die Möglichkeit von Wechselwirkungen entsteht wie bereits gezeigt durch sich überschneidende Wirkbereiche (vgl. Abschnitt 3.1). Ohne eine eindeutige Funktionszuordnung impliziert diese Überschneidung eine Komplexitätssteigerung im Entwicklungs- und Abstimmprozess. Denn nach [30] führen „zueinander im Widerspruch stehende Funktionsziele, die nicht ausreichend auf der Funktionsebene aufgelöst werden, bei jeder Applikation erneut zu funktionalen Konflikten und zahlreichen Applikationsschleifen". Obwohl die Kopplung der Systeme über die Strecke *Fahrzeug* vorhanden ist [42], darf die Vernetzung nicht, wie [37] und [60] aussagen, zur weiteren Steigerung der Komplexität beitragen, sondern muss diese deutlich verringern. Ein großer Schritt kann gemacht werden, indem Funktionsmodule, die in mehreren Reglern in ähnlicher Form verwendet werden, zentralisiert werden. Generell sollte die Anzahl von Funktionsmodulen, die auf spezifische Fahrsituationen reagieren, reduziert werden, da sie großen Applikationsaufwand generieren, aber nur schwer auf andere Fahrzeuge oder -varianten übertragbar sind.

Über die beiden beschriebenen Themenfelder hinaus geht die Integration der Regelsystemvernetzung in Entwicklungsinfrastrukturen und das Wissensmanagement. Denn maßgebliche Voraussetzung für die Entwicklung eines Fahrzeugs, in dem unterschiedliche Systeme kooperieren, ist abteilungsübergreifende Kooperation im Entwicklungsprozess. Dazu sind Methoden und Werkzeuge nötig, die es ermöglichen, das Gesamtfahrzeugwissen, die Auslegungsphilosophie und Identifikation eines OEMs zu repräsentieren und zu verwalten. Damit diese Eigenschaften letztendlich auch den Fahrzeugen aufgeprägt werden können, müssen das Vernetzungskonzept sowie zentrale Stellen vom OEM entworfen und verantwortet werden. Die Entwicklung mechatronischer Systeme wirkt wiederum auf die im Entwicklungsprozess angewandten Methoden zurück, wodurch die Kohärenz zwischen virtueller und realer Welt verbessert werden kann. Der Kreis wird so geschlossen und es findet eine Rückwirkung in die Entwicklungsinfrastruktur statt. Diese kann eine umfassende Grundlage nicht nur für den modellbasierten Reglerentwurf, sondern auch für die modellbasierte Regelung selbst darstellen [66].

Abbildung 3.3 stellt die Anforderungen an ein Vernetzungskonzept den Vernetzungsansätzen gegenüber. Es wird deutlich, dass die Ziele, die den Entwicklungsprozess

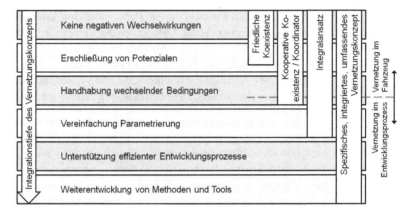

Abbildung 3.3: Anforderungen an Vernetzung vs. Vernetzungsansätze

betreffen, nur mit einem vom OEM verantworteten und umgesetzten Vernetzungskonzept erreicht werden können. Es ist also essenziell, dass zentrale Elemente und das globale Konzept vom Fahrzeughersteller selbst bearbeitet werden. Modular können dezentrale Arbeitspakete von Zulieferern bearbeitet werden.

In dieser Arbeit liegt der Schwerpunkt auf der Entwicklung eines Konzepts zur funktionalen Vernetzung von Fahrwerksystemen. Das bedeutet, dass ein generischer Ansatz verfolgt wird, der einen Startpunkt für Serienentwicklungsprojekte darstellen kann. In diesen wird dann spezifische Hardware entwickelt und Software hinsichtlich Funktionssicherheit abgeprüft. Daher werden Aspekte des Software- und Steuergerätetests hier nicht betrachtet.

3.1.2 Ausprägungen und Ebenen der Vernetzung

In der Literatur werden die Ebenen der Vernetzung in der Regel in drei Einheiten aufgeteilt [30]:

- System-Ebene: Hardware-Konfiguration

- Funktionsebene: Software-Vernetzung

- Applikationsebene: Definition der Domänen, Parameterabstimmung

Diese drei nicht-abstrakten Ebenen sind direkt dem Fahrzeug zugeordnet. Es fehlt die Verbindung in den Entwicklungsprozess. [42] fordert, dass von der bisherigen bottom-up-Vorgehensweise zu einem funktionsbasierten und modellgestützten top-down-Prozess übergegangen werden muss. Dies bedeutet, dass ein Vernetzungskonzept, wie in Unterabschnitt 3.1.1 gefordert, bereits weit vor dem Fahrzeug beginnen und auch als Vernetzung von Entwicklungsprozessen, -methoden und -tools verstanden werden muss. Der folgende Abschnitt erläutert vier abstrakte Ebenen im Fahrzeugentwicklungsprozess, deren Effizienz und Struktur stark in Wechselwirkung mit dem Vernetzungskonzept für mechatronische Fahrwerksysteme stehen. Abbildung 3.4 illustriert die Ebenen, die funktional definiert sind, während [107] Schichten zur Festlegung der Elektronikarchitektur vorstellt.

Die höchste Ebene hat den größten Einfluss auf die Effizienz des restlichen Prozesses. Sie beschreibt die infrastrukturellen Voraussetzungen, Methoden und Werkzeuge, die ein Fahrzeughersteller bereitstellt. Dazu zählen Simulationsumgebungen, Werkzeuge zur Messdatenerfassung und -aufbereitung, Prüfstände, Testgelände und Prozesse. Jegliche Betrachtung auf dieser Ebene ist unabhängig von Fahrzeugkategorien. Bezogen auf mechatronische Fahrwerksysteme ist diese Ebene verantwortlich für die schnelle Bereitstellung valider Modelle und Regelalgorithmen, die in Systemreglern eingesetzt werden können. Damit muss auch eine Grundparametrierung der Modelle und Regler bereitgestellt werden können, die zunächst auf theoretischen Untersuchungen beruht. Weiterhin müssen auf dieser Ebene Zielkonflikte der Systeme aufgelöst und die Wirkbereiche der Systeme (vgl. Abbildung 3.1) definiert werden.

Die zweite Ebene beschreibt die Entwicklung der Software für ein spezifisches Fahrzeugmodell. Beginnend mit den Modellen, die von der oberen Ebene bereitgestellt werden, verlagert sich der Fokus von der Definition der Funktion hin zur Funktionalen Sicherheit, Definition von Steuergeräten und Aktoren und schließlich der Festlegung relevanter Abstimmparameter. Die Software muss auf von der Hardware gesetzte Randbedingungen, wie etwa Latenzzeiten, ausgelegt werden.

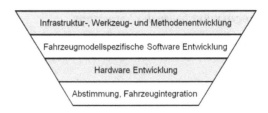

Abbildung 3.4: Ebenen, die durch Vernetzung beeinflusst werden

Das Vernetzungskonzept muss so definiert sein, dass eine minimale Anzahl an Iterationen in dieser Phase nötig ist.

Die nächste Ebene beinhaltet die Elektrik/Elektronik-Architektur. Diese muss auf die Vernetzung der Systeme im Fahrzeug abgestimmt werden. Für einen Integralregler muss beispielsweise ein leistungsstarkes zentrales Steuergerät zur Verfügung stehen. Für einen dezentralen Ansatz muss mehr Wert auf schnelle Datenverbindungen gelegt werden.

Die unterste Ebene beschreibt die Phase der Anwendung aller Inhalte der zuvor beschriebenen Ebenen auf ein Fahrzeugmodell. Alle Vorarbeiten werden im Fahrzeug zusammen gebracht und die finalen Abstimmungen der Fahrwerksysteme vorgenommen.

Ein integrales Vernetzungskonzept berücksichtigt die Anforderungen und Randbedingungen aller Ebenen und schafft Synergieeffekte zwischen Entwicklungsabteilungen, Werkzeugen, Methoden und Prozessen.

3.2 Integrales Vernetzungskonzept

Für Fahrzeuge, die über mechatronische Fahrwerksysteme verfügen, muss die Strategie des Einsatzes der Fahrwerksysteme festgelegt werden. Speziell für sportliche Fahrzeuge gelten besondere Anforderungen hinsichtlich ihrer Systeme. Im Folgenden wird eine Vernetzungsstruktur beschrieben, die diesen Anforderungen gerecht wird.

3.2.1 Vernetzungsstruktur

Für die Integration in eine vernetzte Struktur werden in dieser Arbeit diejenigen Fahrwerksysteme betrachtet, die den Fahreindruck prägen. Dazu werden alle Systeme außer das Elektronische Stabilitätsprogramm (ESP) gezählt. Dieses System arbeitet nicht kontinuierlich, sondern dient lediglich der Sicherheit und kommt nur abrupt zum Einsatz, wenn die Grenze des Kraftschlusses erreicht ist. Weiterhin wird dieses System von vielen Fahzeugherstellern von einem Entwicklungspartner zugekauft und kann nur in Grenzen durch den Hersteller selbst entwickelt und integriert werden.

Die Struktur sieht eine dezentrale Anordnung der Fahrwerksysteme und einen zentralen Fahrzustandsbeobachter vor (vgl. Abbildung 3.5). Der zentrale Fahrzustands-

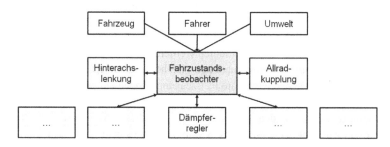

Abbildung 3.5: Vernetzungskonzept mit dezentralen Fahrwerksystemen und zentralem Fahrzustandsbeobachter

beobachter (FZB) kommuniziert mit allen Systemen und sammelt Informationen über Fahrzeug-, Umwelt- und Systemzustände. Nach [28] stellt er die Grundlage für Vernetzung dar. Es gibt keine Kommunikation der Systeme untereinander wie z.B. in [7]. Die Systeme senden Informationen über die aktuellen Zustände der Aktorik. Der FZB verarbeitet diese auf Gesamtfahrzeugebene (vgl. Abbildung 3.6) und errechnet zusätzlich höherwertige Informationen über den Fahrzustand. Diese abgeleiteten Informationen werden wiederum den Systemen zur Verfügung gestellt. Dadurch ist sichergestellt, dass stets alle Systeme *implizit* die Informationen aller anderen Systeme kennen und berücksichtigen können. So werden Konflikte und ineffiziente Eingriffe automatisch (implizit) verhindert. Gleichzeitig berücksichtigen die Systeme somit die vom Fahrzustandsbeobachter ermittelten aktuellen Fahrzeugzustände wie Beladung oder Reifenverschleiß und Umweltparameter wie Straßentopologie oder Reibwertänderungen. Dieses Konzept verbessert die Abstimmbarkeit der Regler, da ihre Regelalgorithmen sehr einfach gestaltet werden können und ihre Eingangsgrößen die Informationen der anderen Systeme enthalten. Bei einem zentralen Regler für alle Systeme wird die Abstimmbarkeit eher erschwert, da dieser die Komplexität steigert (vgl. Unterabschnitt 2.3.4).

Das Konzept erlaubt eine modulare Gestaltung des Regelsystemverbundes und somit einfache Integrierbarkeit einzelner Systeme. Denn der Fahrzustandsbeobachter erhält von den Systemen physikalische Stellgrößen wie Lenkwinkel, Sperrgrad und Dämpferströme. Wird eines der Systeme nicht verbaut, wird seine jeweilige Stellgröße fest im Fahrzustandsbeobachter parametriert. Dies erfordert eine Modellierung der Regler nach physikalischen Zusammenhängen. Dadurch wird, wie bereits angesprochen, die Abstimmbarkeit verbessert.

Für Fahrzeuge, die einen sportlichen Fahreindruck erzeugen sollen, ist es wichtig, dass die Fahraufgabe auch im Grenzbereich einfach vom Fahrer bewältigt werden kann. Das bedeutet, dass der Fahrer zu jedem Zeitpunkt vorhersehen kann, wie das Fahrzeug auf seine Eingaben reagieren wird. Das Fahrverhalten muss also konsistent und möglichst linear sein. Dem Fahrer dürfen keine Informationen des Fahrzeugs und der Umwelt vorenthalten werden. Für die Fahrwerksysteme folgt daraus, dass in ähnlichen Fahrsituationen gleiche Eingriffe erfolgen müssen, und dass Umwelteinflüsse und temporäre Fahrzeugänderungen nur bedingt kompensiert werden dürfen. Es gibt keine Regelung von Zustandsgrößen, besonders nicht auf Bewegungszustände wie den Schwimmwinkel. Um diesen Anforderungen gerecht zu werden, wird mit den Systemen ein konventionelles Fahrzeug, wie es mit passiven Bauteilen darstellbar wäre, dargestellt. Dieses unterscheidet sich allerdings signifikant von dem Fahrzeug, wie es sich ohne Systemeingriffe verhalten hätte. Während bspw. [36] oder [106] den Regelanteil betonen, wird hier für die Reglerstruktur gefolgert, dass der Vorsteueranteil sehr stark betont und der Regelanteil so weit wie möglich reduziert werden sollte. Dies korreliert wiederum mit der Forderung nach physikalischer Modellierung; denn zur Gestaltung eines Algorithmus zur virtuellen Darstellung eines konventionellen Fahrzeugs können vorhandene und bekannte Fahrdynamikmodelle herangezogen werden. Dadurch ist es möglich, die Funktionen mit geringem Aufwand auf andere Fahrzeugvarianten und -modelle zu übertragen, da die Grundbedatung und die Parametrierung des Zielverhaltens basierend auf physikalischen Werten erfolgt.

3.2.2 Systembezogene Vernetzungsansätze

In dieser Arbeit werden die drei Systeme Hinterachslenkung (HAL), variabler Allradantrieb (ALR) und aktiver Dämpfer (PASM) mit dem Fahrzustandsbeobachter vernetzt. Detailliert wird auf die Algorithmen der Systeme in Abschnitt 6.3 eingegangen. Da mit der Hinterachslenkung primär der Schwimmwinkelbedarf eingestellt werden kann, wird ihr vom FZB die identifizierte Schräglaufsteifigkeit zur Verfügung gestellt (vgl. Unterabschnitt 4.2.3). Die Traktion profitiert von den vom FZB berechneten Radlasten und der Kraftschlussausnutzung durch Adaption des ALR. Das PASM bedämpft Radlastschwankungen in dynamischen Fahrsituationen.

Abbildung 3.6: Aufbereitung von Informationen durch den Fahrzustandsbeobachter

Um die implizite Vernetzung der Systeme, wie in Unterabschnitt 3.2.1 beschrieben, herzustellen, muss der Fahrzustandsbeobachter die ihm zur Verfügung stehenden Eingangsgrößen auf höhere Informationsniveaus heben (vgl. Abbildung 3.6). Die Informationen unterscheiden sich dann auch durch unterschiedliche Gültigkeitsdauern (vgl. auch [11]). Durch Vergleich mit Informationen langer Gültigkeitsdauern werden Aussagen über den aktuellen Fahrzustand möglich.

3.2.3 Anforderungen an das Fahrzustandsbeobachtermodell

Durch die Definition der Vernetzungsstruktur in Unterabschnitt 3.2.1 werden die Anforderungen, die der Fahrzustandsbeobachter erfüllen muss, klar. Das allgemein formulierte oberste Ziel für die Funktion im Fahrzeug ist es, die Regelqualität der Fahrwerksysteme zu verbessern. Zunächst müssen dazu aus den genannten Zielen, die mit den Systemen verfolgt werden, die wichtigsten Prämissen abgeleitet werden. Die Systeme regeln nicht oder nur sekundär Zustandsgrößen. Das bedeutet für den Fahrzustandsbeobachter, dass die Zustandsgrößen nicht in jeder Fahrsituation exakt ausgegeben werden müssen. Als Beispiel kann eine Übersteuersituation betrachtet werden. Die oberste Maxime der Systeme muss lauten, das Übersteuern so schnell wie möglich zu reduzieren. Dabei ist der genaue Betrag des Schwimmwinkels nicht relevant. Entscheidend ist vielmehr, dass der Fahrzustandsbeobachter eine

zuverlässige Abschätzung darüber zur Verfügung stellt, wann eine Übersteuersituation vorliegt, und dass dieser Zustand allen Systemen kommuniziert wird. Der
Fahrzustandsbeobachter verfolgt somit nicht das Ziel, eine Inertialmesstechnik zu
ersetzen. Um, wie gefordert, konsistentes Systemverhalten durch Betonung des Vorsteueranteils zu erreichen, muss der Fahrzustandsbeobachter Signale zur Verfügung
stellen, die nicht nur eine zeitliche Voreilung vor den messbaren Signalen haben,
sondern auch möglichst alle Störgrößeneinflüsse auf diese Größen berücksichtigen.
Nur so kann der Regelanteil minimiert werden. Die Berücksichtigung von Störgrößen umfasst neben Einflüssen der Umwelt auch die Interaktion zwischen dem
Fahrzeug und seinen Fahrwerksystemen. Dadurch wird die Modellierungstiefe des
Fahrzustandsbeobachtermodells vorgegeben: Der fahrdynamische Einfluss aller im
Fahrzeug verfügbaren Systeme muss im Fahrzustandsbeobachtermodell auf Basis
der vom System zur Verfügung gestellten Informationen abbildbar sein. Außerdem
müssen auch die Umwelteinflüsse, speziell Fahrbahntopologie und -reibwert, im
Modell repräsentiert werden.

Um daher eine ganzheitliche Betrachtung garantieren zu können, die das gesamte
Fahrzeug einschließt, wird ein physikalisch modelliertes Gesamtfahrzeugmodell
bevorzugt. Dies korreliert mit der Modellierung der Regelsysteme, die an den
Fahrzustandsbeobachter angeschlossen sind (vgl. Unterabschnitt 3.2.1) und der
Forderung nach Übertragbarkeit auf andere Fahrzeuge oder Fahrzeugvarianten.
Denn die Parametrierung mit physikalisch begründeten oder interpretierbaren Pa-
rametern erleichtert die Parameterermittlung für andere Fahrzeuge. Dabei wird
die Formulierung des Modells explizit und nicht als Übertragungsfunktion wie
beispielsweise in [61] verwendet. Dies erleichtert auch die Modularisierung des
Fahrzustandsbeobachtermodells, um eine Flexibilität zu wahren, die es erlaubt, das
Modell an unterschiedliche Randbedingungen anzupassen, wie z.B. verschiedene
Antriebsstrangkonfigurationen. Damit auch der Fahrzustandsbeobachter optimal
in die Entwicklungsinfrastruktur integriert werden kann, ist es wichtig, dass die
Struktur kohärent mit in der Entwicklung eingesetzten Modellen ist und vorhandene
Prozesse und Werkzeuge angewendet werden können.

Letztendlich muss das Fahrzustandsbeobachtermodell harte Kriterien bezüglich
Rechenzeit und Speicherbedarf auf Steuergeräten erfüllen können. Daher darf das
Modell auch bei größeren Rechenschrittweiten nicht instabil werden. Die Modell-
stabilität muss in allen Fahrsituationen gewährleistet sein. Dazu gehören extreme
Situationen wie Übersteuern, aber auch vermeintlich banale Situationen wie Still-
stand und Rangieren, was besondere Anforderungen an das Reifenmodell stellt.

3.3 Fahrzustandsbeobachtermodell für das implizite Vernetzungskonzept

3.3.1 Ansätze zur Modellbildung

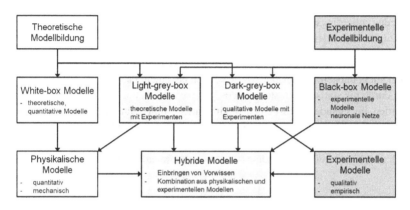

Abbildung 3.7: Einordnung des Begriffs „Hybride Modelle" nach [33]

Es kann zwischen theoretischer und experimenteller Modellbildung unterschieden werden [44]. Bei der theoretischen Modellbildung sind die inneren Zusammenhänge des zu modellierenden Systems bekannt und es wird davon ausgegangen, dass sich das Verhalten des Gesamtsystems „aus allen Eigenschaften der einzelnen Komponenten zusammensetzt" [56], weshalb auch von „bottom-up Modellierung" gesprochen wird. Bei der experimentellen Modellierung hingegen sind die inneren Strukturen des Systems nicht bekannt. Der Zusammenhang zwischen Eingängen und Ausgängen muss experimentell hergestellt und z.b. in Form einer Übertragungsfunktion beschrieben werden. Da man dem System eine Annahme über dessen Struktur von oben vorgibt, wird von „top-down Modellierung" gesprochen. Diesen Wegen der Modellierung sind „White-Box-Modelle" bzw. „Black-Box-Modelle" zugeordnet [41]. Die Übergänge zwischen den beiden Extrema werden durch sog. „Light-Grey-" und „Dark-Grey-Modelle" gefüllt. [33] ordnet in dieses Schema die „Hybriden Modelle" ein, die nach [49] eine Kombination aus physikalischen und experimentellen Modellen darstellen (vgl. Abbildung 3.7).

An ein Modell, das als Basis für einen Fahrzustandsbeobachter dienen soll, werden hinsichtlich der Modellierungstiefe widersprüchliche Anforderungen gestellt. Einerseits muss das Modell gemäß Unterabschnitt 3.2.3 hinreichend komplex sein, um die Anforderungen bezüglich physikalisch interpretierbarer Parametrierung, Allgemeingültigkeit und Genauigkeit zu erfüllen. Andererseits steht eine hohe Komplexität in starkem Widerspruch zu der Forderung nach kleinem Rechenaufwand. Bei einem erweiterten Einspurmodell sind zwar die meisten Parameter physikalisch interpretierbar [56], jedoch vermag das Einspurmodell nicht alle Effekte, die bei verschiedenen Fahrzeugmodellen auftreten können, abzudecken. Es können zwar Effekte zusätzlich und unter Annahme bestimmter Voraussetzungen dargestellt werden, allerdings verlieren die Parameter dann zunehmend an physikalischem Bezug und sind damit für andere Fahrzeugmodelle nicht mehr implizit ermittelbar.

So sind einige Effekte, die auf die Kinematik der Radaufhängung zurückzuführen sind, nicht darstellbar. Beispielsweise können bei einem Fahrzeug die Abstützkräfte, die durch die statische Einstellung des Vorspurwinkels auf den Aufbau übertragen werden, bei Geradeausfahrt einen signifikanten Einfluss auf die Einfederung haben. Zwar kann dieses Phänomen mit einem top-down Teilmodell gelöst werden, es ist jedoch nicht automatisch auch für andere Fahrzeuge gültig. Ähnlich verhält es sich mit der Aufteilung der Längs- und Querkräfte auf die Räder einer Achse. Für

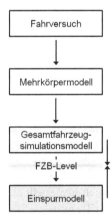

Abbildung 3.8: Einordnung von Fahrdynamikmodellen bezüglich ihrer Modellierungstiefe

diese Arbeit wird daher ein Hybrides Modell vorausgesetzt, in dem die globale Struktur ein White-Box-Modell vorgibt. Jedoch wird nicht in allen Modellteilen jedes Bauteil modelliert. Einige werden zu Baugruppen zusammengefasst und durch Black-Box-Modelle abgebildet. Abbildung 3.8 illustriert das Vorgehen. Der Aufwand, der getrieben werden muss, um einen auf dem Einspurmodell aufsetzenden Ansatz zu befähigen, alle relevanten Fahrzeugmodelle abzudecken, ist ungleich größer als die Vereinfachung, die nötig ist, um ein komplexes Modell hinsichtlich Identifizierbarkeit, Rechen- und Parametrieraufwand zu optimieren. Als Ausgangspunkt dient ein Zweispurmodell mit 14 Freiheitsgraden, vollständiger Abbildung der radbezogenen Kinematik und Elastokinematik, einem Pacejka Reifenmodell, Aerodynamikdarstellung, Lenkungsmodell sowie vollständiger Bremssystem- und Antriebsstrangmodellierung.

Die Vereinfachung und die exakte Beschreibung des Modells erfolgen in Abschnitt 4.1.

3.3.2 Einführung - Adaption von Fahrzeugmodellen zur Fahrzustandsbeobachtung

In diesem Abschnitt wird ein Überblick über verschiedene Herangehensweisen der modellbasierten Fahrzustandsbeobachtung gegeben. [14] definiert das Ziel der Fahrzustandsbeobachtung als optimale Ermittlung der Informationen, die zur Klassifikation des Fahrzustands nötig sind, unter Zuhilfenahme minimalen Mehraufwands an Sensorik, wobei die Abbildung der Querdynamik priorisiert wird. Wesentlich sind zwei Richtungen zu unterscheiden: Fahrzustandsbeobachtung mit adaptiven Modellen und Fahrzustandsbeobachtung mit systemtheoretischen Zustandsbeobachtern.

Zustandsbeobachter

Auf dem Gebiet der Vernetzung von Fahrwerksystemen wurde ein Konzept in mehreren ähnlichen Ausprägungen in vielfältiger Literatur behandelt. Dabei wird das Ziel-Fahrzeugverhalten, das den Fahrerwunsch repräsentiert (bspw. [95]), in einem vorwärts gerechneten Modell abhängig der Fahrereingaben berechnet. In einem Beobachtermodell werden die aktuellen tatsächlichen Fahrzustandsgrößen des Fahrzeugs berechnet bzw. geschätzt. In einigen Arbeiten wird für das sog. Referenzmodell mit inversen Modellen gearbeitet (bspw. [61]). Durch die Invertierung ist es möglich, einen hohen Vorsteueranteil zu erzielen. Bei den anderen Arbeiten (bspw. [79]) wird die Regelabweichung zwischen Fahrerwunsch- und Referenzgrößen ausgeregelt. Weiterhin wird in einigen Arbeiten außerdem mit einem Arbitrierer gearbeitet, der die Stellgröße auf verschiedene Fahrwerksysteme aufteilt (bspw. [23]).

Die verwendeten Fahrzustandsbeobachter sind in erster Linie Schwimmwinkel-
schätzer. In Parameterschätzverfahren wird durch die Anpassung weiterer, im
Serienfahrzeug nicht messbarer Größen, wie dem Reibwert, der Fahrgeschwindigkeit und der Straßentopologie [10] ein Abgleich des Modells mit den messbaren
Größen durchgeführt. Dazu muss das Modell allerdings in linearisierter Form in
Zustandsraumdarstellung vorliegen. Daher wird in der Regel mit lokalen Schräglaufsteifigkeiten, die abhängig vom Schräglaufwinkel sind, gearbeitet ([61], [32], [11],
[109]). Zusätzlich wird der Gültigkeitsbereich auf den linearen Bereich der Querdy-
namik (bis 4 m/s^2) beschränkt. Als Parameterschätzverfahren werden Kalman-
Filter ([12], [17], [61], [67], [79], [84], [106]), Lünebergerbeobachter [78], Sliding
Mode Observer [4] oder Covariance Intersection [116] eingesetzt. Besonders bei
den Kalman-Filter Ansätzen ist der enorme Parametrierungsaufwand hervorzuhe-
ben, den die Abstimmung der vielen Parameter der Kovarianzmatrix verursacht.
Tools zur Bestimmung der Parameter auf Basis gemessener Verläufe wurden zur
Vorauslegung entwickelt [38]. Dies ersetzt jedoch nicht den hohen Aufwand an
Testfahrten, um verschiedene Fahrzeugkonfigurationen und Reifen abzusichern.
Die Qualität der Fahrzustandsschätzung ist daher stark von der Wahl der festen
Parameter abhängig [10]. Dieser Umstand widerspricht letztendlich auch der gefor-
derten Integrierbarkeit in die Entwicklungsumgebung, schnelle Parametrierbarkeit
auf Basis physikalisch interpretierbarer Parameter und Übertragbarkeit auf andere
Fahrzeuge und -varianten.

Modellidentifikation

Für die Fahrdynamiksimulation werden komplexe physikalische Modelle erstellt,
um das Fahrzeugverhalten so genau wie möglich abzubilden. Die Validierung
erfolgt durch die Messung und Auswertung standardisierter synthetischer Fahrmanöver. In diesen Manövern (z.B. Lenkwinkelrampe und Frequenzgang [46]) werden
die Parameter des Fahrzeugmodells identifiziert. Das bedeutet, es findet eine Anpassung des Modells statt, um das gemessene Fahrzeugverhalten zu repräsentieren.

Erfolgt diese Adaption des Modells nicht diskret im Entwicklungsprozess, sondern
kontinuierlich auf einem Steuergerät im Fahrzeug, kann das Modell zur Fahrzustandsbeobachtung genutzt werden. Dabei sind signifikante Unterschiede zu
beachten, auf die in Unterabschnitt 3.3.4 näher eingegangen wird. Es werden nicht
alle Modellparameter während der Fahrt adaptiert. Zum Einen, da einige Parameter
nur einen geringen Einfluss auf das Modellverhalten haben [11], und zum Anderen,
da sich viele Modellparameter während der Lebensdauer eines Fahrzeugs nicht oder
nur nach gewissen Mustern ändern. [33] teilt die Parameter eines Modells daher in
drei Gruppen ein:

1. Konstante Parameter: Geometrische Daten, Getriebeübersetzungen, Aerodynamikbeiwerte, Leermasse, Trägheitsmomente

2. Langfristig zeitlich veränderliche Parameter: Elastizitäten, Übertragungseigenschaften, Reibungseigenschaften

3. Kurzfristig zeitlich veränderliche Parameter: Beladung, Reifenverschleiß, Temperatureinflüsse, Straßentopologie

Die Parameter der ersten Gruppe ändern sich nicht mit der Fahrzeuglebensdauer, können im Vorfeld ermittelt und in der Grundparametrierung des Modells abgelegt werden. Für die Parameter der zweiten Gruppe kann zum Teil ähnlich verfahren werden, da ihre Änderung während der Fahrzeuglebensdauer relativ klein und im Realfahrbetrieb nicht ermittelbar ist (z.b. Änderung der Stoßdämpfercharakteristik). Die Parameter der dritten Gruppe haben hingegen einen verhältnismäßig großen Einfluss auf das Fahrzeugverhalten. Unter ihnen sind alle Einflussfaktoren auf die Reifencharakteristik zu priorisieren. [11] weist der Adaption der Schräglaufsteifigkeiten das höchste Dringlichkeitsmaß zu, gefolgt von der Fahrzeugmasse, dem Trägheitsmoment und der Schwerpunktlage. Für ein nichtlineares Modell hat außerdem der Fahrbahn-Reifen-Reibwert signifikanten Einfluss auf die Abbildungsgenauigkeit [2]. Die Geschwindigkeit der Adaption der ausgewählten Parameter hängt von der Änderungsgeschwindigkeit der zugehörigen Einflussfaktoren ab.

Die adaptive Modellierung setzt daher mindestens ein „Hybrides Modell" voraus (vgl. Unterabschnitt 3.3.1). Es ist ein Kompromiss zwischen Sparsamkeit (mit Parametern) und Flexibilität (der Anwendbarkeit auf verschiedene Fahrzeuge) nötig [62]. Dabei hängen die Struktur und die Modellierungstiefe davon ab, welche Änderungen des Fahrzeugs abgebildet und identifiziert werden müssen. Zum Beispiel müssen die Anteile der Achskinematik und -elastokinematik, die zur Schräglaufsteifigkeit der Achse beitragen, bekannt sein, um die Schräglaufsteifigkeit der Reifen separat abschätzen zu können. Damit ist die Modellstruktur entscheidend für die Lösbarkeit der Identifikationsaufgabe [116]. Wie beschrieben, werden also nur ausgewählte Parameter online verändert, während die Grundparametrierung gleich bleibt. Die Adaption eines Parameters darf nur in ausgewählten Fahrsituationen aktiv sein. Zu verhindern ist, dass Effekte vermischt werden und die identifizierten Parameter nicht den zugehörigen Effekt repräsentieren. Zum Beispiel darf die Durchfahrt einer Steilkurve nicht als geänderter Eigenlenkgradient (*EG*) erkannt und im Modell parametriert werden. Für die Querdynamik des Fahrzeugs ist die Identifikation des stationären Fahrverhaltens jedoch entscheidend. Nach [113] ist bei exakter Übereinstimmung von Modell und Realfahrzeug im stationären Fahrbereich davon auszugehen, dass damit auch beliebige instationäre Fahrmanöver der

Querdynamik abgebildet werden können, was letztlich die Grundlage der Verwendung eines adaptiven Modells als Fahrzustandsbeobachter darstellt.

3.3.3 Struktur des Beobachtermodells

Wie in Unterabschnitt 3.3.1 beschrieben, wird in dieser Arbeit der Ansatz eines modellbasierten Beobachters verfolgt. Es kommt ein Zweispurmodell zur Anwendung, dessen Eingänge die Fahrereingaben sind. Eine nähere Beschreibung folgt in Kapitel 4. Parallel zu dem Echtzeitmodell wird die Modellidentifikation und Schätzung von Umgebungsgrößen (vgl. Abbildung 3.9) ausgeführt. Während die Straßentopologie in Echtzeit geschätzt wird, arbeitet die Identifikation der Modellparameter größtenteils langsamer. Parameterschätzverfahren nach [103] werden eingesetzt, um Gütekriterien durch die Adaption einzelner Parameter in ausgewählten Fahrsituationen zu erfüllen. In Form der Grundparametrierung des

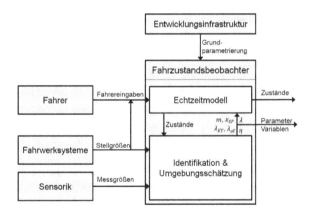

Abbildung 3.9: Struktureller Aufbau des Fahrzustandsbeobachters und adaptierte Modellparameter

Fahrzustandsbeobachtermodells wird aus den in der Entwicklungsinfrastruktur vorhandenen Simulationsmodellen „a-priori"-Information [103] verwendet. Die adaptiven Modellparameter sind die Gesamtmasse m, die Schwerpunktslage l_v, die Skalierungsfaktoren für die Schräglaufsteifigkeit und die maximal übertragbare Seitenkraft im Pacejka-Reifenmodell für Vorder- und Hinterräder λ_{Ky} bzw. $\lambda_{\mu y}$. Es ist erforderlich, dass diese Modellparameter mit hoher Güte und Konfidenz identifiziert werden, da ein modellbasierter Ansatz gegenüber Parameterunsicherheiten generell weniger robust ist als ein rein signalbasierter Ansatz [73]. Von den

Umgebungsgrößen werden die Fahrbahnlängssteigung λ_{steig} und -querneigung η_{neig} geschätzt und an das Modell weitergegeben. Ein Eingang für den globalen, nicht radindividuellen Reibwert ist im Modell vorgesehen; eine Reibwertermittlung wird in dieser Arbeit jedoch nicht bearbeitet. Es sei diesbezüglich z.b. an [2] verwiesen. Der Fahrzustandsbeobachter kann den Fahrwerksystemen sowohl die Informationen des Echtzeitmodells wie auch die identifizierten Modellparameter zur Verfügung stellen.

Durch diese Struktur ist es möglich, Informationen unterschiedlicher Gültigkeitsdauer und Betrachtungsebene zu erzeugen. Der Fahrzustandsbeobachter hebt das Informationsniveau von Sensor- und Systemsignalen kurzer Gültigkeitsdauer auf Gesamtfahrzeugebene, indem abgeleitete Größen wie die Kräfte an den Rädern in allen drei Raumrichtungen berechnet werden (vgl. Abbildung 3.6). In der Modelliidentifikation werden charakteristische Größen des Fahrzeugs in Kennwerten wie z.b. dem *EG* bestimmt und abgelegt. Durch Vergleich der aktuellen Größen mit langfristig ermittelten wird eine bezogene Aussage über den aktuellen Fahrzustand des Fahrzeugs möglich.

3.3.4 Infrastruktur der Entwicklungsumgebung

Die beschriebene Struktur des Fahrzustandsbeobachters legt eine enge Verzahnung mit der Entwicklungs- bzw. Modellinfrastruktur nahe. Eine physikalisch interpretierbare Parametrierung ermöglicht die Nutzung gleicher Prozesse, Methoden und Werkzeuge wie für die nach Abbildung 3.8 erzeugten Modelle. Dieser Prozess ist in Abbildung 3.10 durch den Block *Entwicklungsinfrastruktur* repräsentiert. Von diesem ausgehend können Modelle zur Fahrdynamiksimulation, für die Fahrsimulator-Nutzung und als Grundlage für Reglermodelle abgeleitet werden. Der Fahrzustandsbeobachter wird ebenfalls in dieses Konstrukt integriert. So wird es möglich, jederzeit einen Ausgangspunkt für ein Fahrzustandsbeobachtermodell für alle Baureihen zu erzeugen, die in der Entwicklungsinfrastruktur als validiertes Fahrdynamikmodell vorhanden sind. Dies entspricht der Forderung gemäß Unterabschnitt 3.1.1.

Eine stetige und gegenseitige Verbesserung dieser Struktur findet durch Weiterentwicklungen z.b. in der Messtechnik statt. Umgekehrt erfahren diese Gebiete eine Verbesserung durch Erkenntnisse aus der Fahrzustandsbeobachterentwicklung (vgl. Unterabschnitt 6.1.2). Der Fahrzustandsbeobachter muss unter teilweise gegensätzlichen Bedingungen als Modelle der Fahrdynamiksimulation arbeiten. Hinsichtlich Robustheit, Stabilität und Rechenaufwand werden deutlich strengere Anforderun-

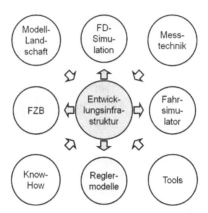

Abbildung 3.10: Modellentstehungsprozess für Modelle verschiedener Komplexität aber gleicher Struktur

gen gestellt. Um diese erreichen zu können, müssen Werkzeuge zur Verfügung stehen, die das Modell befähigen, diese Anforderungen trotz der eingeschränkten Verfügbarkeit von Informationen (in Serie verfügbare Sensorik) zu erfüllen. Dazu zählt letztendlich auch die Online-Fähigkeit von Identifikationsroutinen und Modellteilen (vgl. Unterabschnitt 6.1.1). So entsteht ein sich selbst verstärkender Prozess, der mehr zu effizienten Prozessen und schlanker Entwicklung beiträgt als die Verwendung von FZB-Modellen von Zulieferern dies tut. Diese müssten nicht nur zugekauft werden, sondern erfordern aufgrund ihrer eigenen, mit der des Herstellers nicht kohärenten Struktur einen zusätzlichen Integrationsprozess.

4 Adaptives physikalisches Fahrzeugmodell zur Fahrzustandsbeobachtung

Dieses Kapitel legt die Modellierung der in den Fahrzustandsbeobachter integrierten Bestandteile dar. Zunächst wird auf die Modellierung des Echtzeitfahrdynamikmodells eingegangen. Anschließend werden die Module zur Modellidentifikation und Umgebungsgrößenschätzung beschrieben. Der letzte Abschnitt des Kapitels behandelt den Umgang mit Sondersituationen, die u.a. die Stabilität des Modells beeinflussen.

4.1 Modellierung des Echtzeitfahrdynamikmodells

In diesem Abschnitt wird detailliert auf die Modellierung des wie in Unterabschnitt 3.3.3 eingebundenen Fahrdynamikmodells zur Echtzeitberechnung von Zustandsgrößen eingegangen. Abbildung 4.1 zeigt schematisch den Aufbau des Modells. Für diese Arbeit wurde die Modellierung in Matlab/Simulink© umgesetzt. Die benötigten Eingangssignale werden vom Fahrzeug-CAN abgegriffen. Im Block

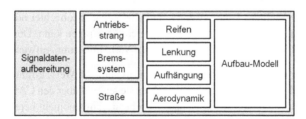

Abbildung 4.1: Schematischer Aufbau des Echtzeit-Fahrdynamikmodells im Fahrzustandsbeobachter

Signaldatenaufbereitung werden die Signale zunächst auf gleiche Datentypen und Samplezeiten gebracht und jeweils auf einen sinnvollen Wertebereich beschränkt, um Unplausibilitäten zu vermeiden. Die Transformation von Beschleunigungssignalen vom fahrzeug- in das straßenfeste Koordinatensystem wird vollzogen und in SI-Einheiten umgerechnet. Die Modellierung von Bremse und Antrieb, Lenkung und Aufhängung, Fahrbahnkontakt und dem Fahrzeugaufbau wird in den folgenden Kapiteln erläutert.

4.1.1 Modellierung von Antriebsstrang und Bremssystem

Die radindividuellen Bremsmomente M_{brems} werden in dieser Arbeit über eine einfache stationäre Kalkulation aus berechneten Bremsdrücken p_{brems}, der Kolbenfläche des Bremssattels A_{kolben} sowie dem effektiven Reibradius des Bremsbelags auf der Bremsscheibe r_{eff} und dem Reibwert zwischen Belag und Scheibe μ_{brems}, berechnet (siehe z.B. [37]). Die Werte für Reibradien und Reibwerte werden aus der Entwicklungsinfrastruktur übernommen.

$$M_{brems} = p_{brems} \cdot A_{kolben} \cdot r_{eff} \cdot \mu_{brems} \cdot 2 \qquad \text{Gl. 4.1}$$

Die Bremsdrücke werden im Steuergerät des ESP ermittelt und auf dem Fahrzeug-CAN zur Verfügung gestellt. So werden auch Regelsystemeingriffe, die radindividuell erfolgen und somit nicht aus dem Hauptbremszylinderdruck berechenbar sind, berücksichtigt [13]. Dieser einfache Ansatz liefert im Mittel eine gute Abschätzung der radindividuellen Bremsmomente [17]. Hochfrequente Schwingungen durch hydraulische Effekte in den Leitungen werden so nicht abgebildet. Dazu wäre ein komplettes Modell des Bremssystems im Fahrzustandsbeobachter nötig, auch, da die beschränkte Kapazität des CAN diese nicht übertragen kann. Der Nutzen aus dieser Modellierung wäre allerdings klein im Verhältnis zum Aufwand.

Die Antriebsmomente an den Rädern werden auf ähnliche Weise ermittelt. Aus dem induzierten Motormoment, welches das Motorsteuergerät über den CAN bereitstellt, und der Getriebeübersetzung wird das Getriebeausgangsmoment berechnet.

$$M_{getr} = M_{ind} \cdot n_{getr} \qquad \text{Gl. 4.2}$$

Bei allradgetriebenen Fahrzeugen stellt das Allradsteuergerät das Sperrmoment M_{ALR} der Allradkupplung zur Verfügung, wodurch eine Abschätzung getroffen werden kann, wieviel Moment an die Vorderachse übertragen wird. Das tatsächlich übertragene Moment hängt jedoch weiterhin von der Straßen- und Reifenbeschaffenheit und den daraus folgenden Schlupfzuständen der Antriebsachsen ab [68]. Diese Effekte werden hier aber nicht betrachtet. Es wird also davon ausgegangen, dass das vom Allradalgorithmus angeforderte Moment auch immer vollständig an der Vorderachse abgesetzt wird. Daher wird dieses Moment von demjenigen der Hinterachse M_{HA} abgezogen.

$$M_{VA} = M_{ALR} \qquad \text{Gl. 4.3}$$

$$M_{HA} = M_{getr} - M_{ALR} \qquad \text{Gl. 4.4}$$

Diese den Achsen zugeordneten Antriebsmomente werden mit der Achsübersetzung n_{Achse} und dem Koeffizienten für ein offenes Differenzial n_{Diff} multipliziert, um die Radmomente zu erhalten.

$$M_{Rad} = M_{VA/HA} \cdot n_{Achse} \cdot n_{Diff} \qquad \text{Gl. 4.5}$$

An der Hinterachse wird eine geregelte Quersperre vorgesehen (vgl. Unterabschnitt 2.2.2). Ähnlich der Berechnung der Allradkupplung sendet das Steuergerät der geregelten Quersperre das aktuelle Sperrmoment $M_{sperr_{QS}}$ an den Fahrzustandsbeobachter. Unter Berücksichtigung der Drehzahldifferenz von linkem und rechtem Hinterrad $(\omega_{HL} - \omega_{HR})$ können Richtung und Betrag des Quersperrenmoments abgeschätzt werden. Auch hier gilt, dass das tatsächlich abgesetzte Moment durch Reibwertunterschiede niedriger sein kann als das durch die Kupplung übertragbare. Außerdem kann nicht mehr als die Hälfte des Eingangsmoments M_{HA} umverteilt werden, da nicht ein Rad gebremst und das andere angetrieben werden kann.

$$M_{gQS} = M_{sperr_{QS}} \cdot tanh(\omega_{HL} - \omega_{HR}) \leq M_{HA}/2 \qquad \text{Gl. 4.6}$$

Analog zur Ermittlung der Achsmomente wird das Quersperrenmoment vorzeichenbehaftet zu den Radmomenten der Hinterachse hinzu addiert.

$$M_{rad_{HL/HR}} = M_{rad_{HL/HR}} \pm M_{gQS} \qquad \text{Gl. 4.7}$$

Der Beschleunigungswiderstand des Antriebsstrangs wird nach [70] mittels eines Drehmassenzuschlagsfaktors $\lambda_{antrieb}$ bestimmt und von den nach 4.5 bzw. 4.7 berechneten Radmomenten abgezogen. Der Drehmassenzuschlagsfaktor wird experimentell durch Ausrollversuche ermittelt.

Aus der Summe von Brems-, Antriebs- und Rollwiderstandsmomenten (siehe Unterabschnitt 4.1.3) werden mittels Division durch die dynamischen Rollradien die Längskräfte am Rad errechnet.

$$F_x = \frac{M_{rad_{HL/HR}}}{r_{dyn}}$$ Gl. 4.8

Das Aufbaumodell wird über das Reifenmodell (siehe Unterabschnitt 4.1.3) mit den Längskräften beaufschlagt. Durch Integration der Längsbeschleunigung $a_{x_{mod}}$ werden die Schwerpunktsgeschwindigkeit $v_{x_{mod}}$ und die Radgeschwindigkeiten $\omega_{rad_{mod}}$ berechnet. Diese Signale werden mit den zugehörigen Schätz- bzw. Sensorwerten des CAN verglichen (siehe Abbildung 4.2). Abweichungen können von ungenauer oder noch nicht abgeschlossener Schätzung der Fahrzeugmasse (siehe Unterabschnitt 4.2.1) oder Unsicherheiten in der Antriebsstrangmodellierung herrühren. Daher wird die Differenz zwischen der durch Auswertung der gemessenen Raddrehzahlen bestimmten Geschwindigkeit [96] und dem errechneten Wert von $v_{x_{mod}}$ als Eingang in einen P-Regler zur Regelung des Getriebeausgangsmoments M_{getr} mit dem Skalierfaktor k_{mom} verwendet. Der Geschwindigkeitsregler kann ebenfalls ein additives Antriebsmoment M_{mom} ausgeben, welches zur Behandlung von Sondersituationen notwendig ist (siehe Abschnitt 4.3). Dies hat den Vorteil, dass die Fahrzeuggeschwindigkeit vom Modell gut angenähert werden kann. Nachteilig ist allerdings die ungenaue, da zeitlich verzögerte Ermittlung der Längskräfte und damit der -beschleunigung.

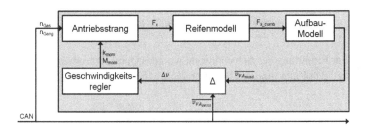

Abbildung 4.2: Antriebsstrang mit Geschwindigkeitsregler

4.1.2 Modellierung von Lenkung, Aufhängung und Aufbau

Die Kopplung zwischen Lenkrad und Zahnstange wird mit einer Übersetzungskennlinie abgebildet. Elastizitäten der Lenkung werden hier nicht berücksichtigt. Da der Lenkwinkelsensor jedoch den Verdrehwinkel des Lenkrads erfasst, wird die Änderung der Lenkübersetzung durch elastische Torsion der Lenkstange nicht dargestellt. Die entstehende Ungenauigkeit bei der Berechnung der Radlenkwinkel wirkt sich auf die Identifikation der Reifenkennlinien aus.

Die Kinematik der Aufhängung wird als vom Radhub und Radlenkwinkeln abhängige Kennlinien abgebildet. Elastokinematische Effekte werden aufgrund des Rechenaufwandes und der relativ großen Bauteilstreuung nicht berücksichtigt. Die Fahrwerksbauteile Aufbaufedern, Stabilisatoren, Dämpfer und federwegsbegrenzende Elemente werden ebenfalls in Form von Kennlinien abgebildet.

Der Aufbau wird nach [21] dargestellt. Das Modell hat zehn Freiheitsgrade: sechs für den Aufbau zuzüglich jeweils einem für die vier Radfederwege. Die Raddrehung ist kein Freiheitsgrad, da sie von den Raddrehzahlsensoren erfasst wird.

4.1.3 Modellierung des Reifens

Wie schon in Unterabschnitt 2.1.3 beschrieben, ist die Modellierung des Reifenverhaltens enorm wichtig für die Übereinstimmung von Fahrdynamikmodellen mit der Realität. Für die Fahrzustandsbeobachtung muss neben der Abbildungstreue jedoch auch der Rechenaufwand bei der Wahl eines Reifenmodells berücksichtigt werden. Um weiterhin kohärent mit der Entwicklungsinfrastruktur arbeiten zu können, wird in dieser Arbeit das Pacejka Reifenmodell MF5.2 verwendet. Allerdings wird aufgrund des bereits beschriebenen Antriebsstrangmodells (vgl. Unterabschnitt 4.1.1) und des auf die Querdynamik gelegten Schwerpunkts [14] nicht die Formulierung mit kombinierten Schlupfzuständen verwendet, sondern die des reinen Querschlupfs nach [100]. In Längsrichtung werden die vom Antriebsstrangmodell berechneten Kräfte lediglich durch die maximal übertragbare Längskraft begrenzt. So findet auch eine Abschätzung über den ausgenutzten Längskraftbeiwert $\mu_{x_{nutz}}$ statt:

$$\mu_{x_{nutz}} = \frac{F_{x_{Rad}}}{D_x} \leq 1 \qquad \text{Gl. 4.9}$$

Die aus dem FZB-Modell bekannten Radlasten F_z, Sturzwinkel γ und Schräglaufwinkel α dienen dem Reifenmodell als Eingang. In Abhängigkeit dieser und mit der Reifenparametrierung werden das Rollwiderstandsmoment M_{roll}, das Overturningtorque M_{over}, die Schräglaufsteifigkeiten K_y, die Seitenkräfte $F_{y_{lat}}$ und die dynamischen Rollradien r_{dyn} berechnet. Für die vertikaldynamische Darstellung erfolgt ebenfalls die Berechnung der Vertikalsteifigkeit C_z und -dämpfung D_z der Reifen. Diese Größen werden nach [100] ermittelt. Die dazu nötige Reifenparametrierung wird für jeweils einen Referenzsommer- und -winterreifen im FZB abgelegt. Je nach aufgezogenem Reifen wird der entsprechende Datensatz geladen. Die Bestimmung des montierten Reifentyps kann bspw. nach [54] erfolgen.

Eine Vernachlässigung der Reifeneigenschaften und kombinierter Dynamik (gleichzeitige Beanspruchung in Längs- und Querrichtung) würde allerdings zu großen Ungenauigkeiten z.B. beim Bremsen oder Beschleunigen in der Kurve führen. Eine aufwendige Betrachtung mit kombinierten Schlupfzuständen (vgl. [75], [92], [58]) würde wiederum den Anforderungen an ein Reifenmodell nach [113] widersprechen:

• Wenige Parameter bei ausreichender Realitätsnähe

• Kurze Rechenzeiten

• Physikalische Interpretierbarkeit und Kontrollierbarkeit der Parameter

[23] stellt fest, dass der Einfluss des Längsschlupfes auf die Seitenkraft i.d.R. deutlich größer ist als der Einfluss des Schräglaufwinkels auf die Längskraft. Daher wird ein Ansatz ähnlich dem von [69] vorgeschlagenen Master-Slave-Prinzip gemacht, bei welchem die Längskraft als Master jederzeit bereitgestellt wird, während die Seitenkraft als Slave entsprechend reduziert wird.

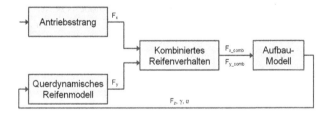

Abbildung 4.3: Schematischer Aufbau der Modellierung des Reifenverhaltens unter gleichzeitiger Beanspruchung in Längs- und Querrichtung

Wie Abbildung 4.3 zeigt, läuft die Berechnung der Querkraft zunächst unabhängig von der Längskraft. Durch den Ansatz zur Darstellung der kombinierten Dynamik wird lediglich die Querkraft von der Längskraft reduziert. Unabhängig davon bleibt der Schräglaufwinkel zunächst konstant. Von der ursprünglich berechneten Querkraft F_y wird der Term ΔF_y abgezogen, um die resultierende Querkraft $F_{y_{comb}}$ zu erhalten:

$$F_{y_{comb}} = F_y - \Delta F_y \qquad \text{Gl. 4.10}$$

Die Berechnung von ΔF_y wird in Abbildung 4.4 veranschaulicht. Die Reduktion der Querkraft im KAMM'schen Kreis wird mit einer quadratischen Funktion von μ_x angenähert. Die Reduktion nimmt mit steigender Ausnutzung des Querkraftschlusses zu. Daher wird der Term zur Berechnung von ΔF_y mit $\mu_{y_{nutz}}$ multipliziert. Zur Einstellung der maximalen Reduktion bei voller Ausnutzung von $\mu_{x_{nutz}}$ wird der Faktor k_{red} eingeführt und mit F_y multipliziert. Durch diesen Faktor wird damit auch die minimal erhalten bleibende Querkraft unter maximaler Längskraft bestimmt. Dieser Faktor kann für verschiedene Reifendaten variabel eingestellt werden. Mit 4.11 berechnet sich $F_{y_{comb}}$ also zu:

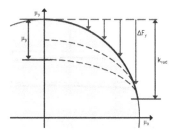

Abbildung 4.4: Schematische Darstellung der Reduktion der Querkraft unter Längskrafteinfluss am Ausschnitt des KAMM'schen Kreises

$$\Delta F_y = \left(\mu_{x_{nutz}}^2 \cdot \mu_{y_{nutz}} \cdot k_{red} F_y \right) \qquad \text{Gl. 4.11}$$

$$F_{y_{comb}} = F_y \left(1 - \mu_{x_{nutz}}^2 \cdot \mu_{y_{nutz}} \cdot k_{red} \right) \qquad \text{Gl. 4.12}$$

Zur erneuten Berechnung von $\mu_{y_{nutz}}$ unter kombinierter Beanspruchung wird die jeweils aktuell maximal übertragbare Seitenkraft D_y nach der gleichen Berechnungsvorschrift 4.12 durch Ersetzung von F_y mit D_y zu $D_{y_{comb}}$ reduziert. Anschließend wird $\mu_{y_{nutz_{comb}}}$ berechnet zu:

$$\mu_{y_{nutz_{comb}}} = \frac{F_{y_{comb}}}{D_{y_{comb}}} \leq 1 \qquad \text{Gl. 4.13}$$

Zur Bewertung des Ansatzes werden zunächst Reifenkennlinien im μ_x/μ_y-Diagramm
mit der rein querdynamischen Formulierung und dem Referenzmodell nach [100]
verglichen. Die maximal auftretenden Kräfte des Referenzmodells sind in der Abbildung für beide Richtungen jeweils als $\mu = 1$ definiert. Es ist zu erkennen, dass das
Reifenverhalten mit dem Ansatz der kombinierten Dynamik deutlich besser abgebildet werden kann. Bei niedriger Ausnutzung des maximalen Seitenkraftschlusses
ist die Reduktion der Querkraft über $\mu_{x_{nutz}}$ kleiner als im Referenzmodell, jedoch
sind die Absolutkräfte klein. Asymmetrisches Reifenverhalten kann der Ansatz
nicht abbilden. Bei den Kurven des Referenzmodells ist zu sehen, dass die maximal
übertragbare Seitenkraft nicht bei längskraftfreier Beanspruchung liegt.

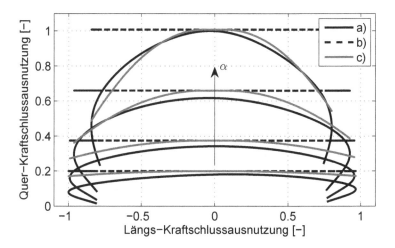

Abbildung 4.5: Reifenverhalten mit b) rein querdynamischem Reifenmodell und c) Erweiterung der kombinierten Dynamik gegenüber dem a) Referenzmodell

Das Gesamtfahrzeugverhalten wird anhand des Manövers *Bremsen in der Kurve* bewertet. Es ergibt sich eine Verbesserung der Abbildungstreue. Beim Bremsen in der
Kurve (Abbildung 4.6) wird der Verlauf der Querbeschleunigung qualitativ besser
abgebildet, da das Seitenführungspotenzial der Vorderachse reduziert wird und so
die Überhöhung der Querbeschleunigung nicht stattfindet. Der Schwimmwinkelverlauf kann ebenfalls besser approximiert werden, da das Seitenführungspotenzial
durch den Ansatz der kombinierten Dynamik über den Radlasteffekt hinaus reduziert wird.

Die Vorteile dieses Ansatzes zur Darstellung des Reifenverhaltens unter kombinierter Beanspruchung sind seine Einfachheit, generische Anwendbarkeit und sein

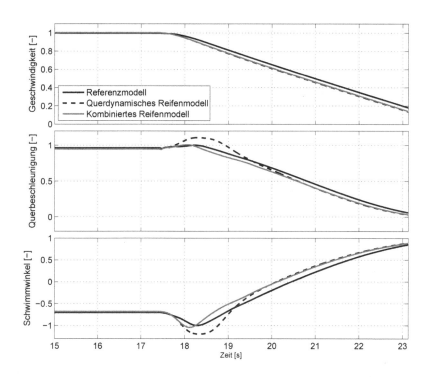

Abbildung 4.6: Fahrzeugverhalten mit rein querdynamischem Reifenmodell und Erweiterung der kombinierten Dynamik gegenüber dem Referenzmodell beim Bremsen in der Kurve

geringer Rechenbedarf. Nachteilig wirken sich die Einschränkung der Abbildungstreue, die nicht wechselseitige Beeinflussung von Längs- und Querkraft und die fehlende Möglichkeit zur asymmetrischen Darstellung für Antriebs- und Bremskräfte aus.

Der Einfachheit halber wird der Index $_{comb}$ im weiteren Verlauf der Arbeit weggelassen.

4.2 Modellidentifikation und Umgebungsgrößenschätzung

In diesem Abschnitt wird auf die Struktur der Modellidentifikation eingegangen, welche die Parameter des Echtzeitmodells während des Betriebs anpasst. Die

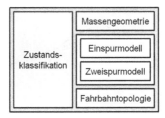

Abbildung 4.7: Struktur der Modellidentifikation

Identifikationsmodule greifen dabei auf eine globale Klassifikation des Fahrzustands zu. Diese Klassifikation dient der Aktivierung der Identifikationsroutinen, die, wie in Abschnitt 3.3.2 beschrieben, nur in ausgewählten Fahrsituationen aktiv sind [109]. Dieses Vorgehen ist analog dem von [11] beschriebenen.

4.2.1 Online-Identifikation der Massenverteilung

Eine genaue Kenntnis der Massengeometrie ist essenziell für die Abbildung der Dynamik, der Aufbaubewegung und damit kinematischer Einflüsse auf die Radstellung. Es wird ein Ansatz zur Abschätzung der Fahrzeugmasse m_{ges}, der Schwerpunktlage in x-Richtung und damit der statischen Achslasten vorgestellt. Der Einsatz mechanischer Tragfedern sowie Kenntnis ihrer Steifigkeit und eines Punktes auf der Federkennlinie werden vorausgesetzt.

$$d_m = \frac{2\Delta s_v c_v + 2\Delta s_h c_h}{g} \qquad\qquad \text{Gl. 4.14}$$

$$d_x = (\Delta s_v c_v - \Delta s_h c_h) \cdot k_{d_x} \qquad\qquad \text{Gl. 4.15}$$

Zur Einstellung der Achslasten wird eine Punktmasse im FZB-Modell platziert. Zur Ermittlung ihrer Masse d_m werden die Differenzen Δs_v und Δs_h der gemessenen

$z_{hoehe_{sens}}$ und der vom FZB berechneten Federwege $z_{hoehe_{mod}}$ gebildet. Nach 4.14 wird daraus explizit d_m errechnet. Um die Achslastverteilung einzustellen, wird die Position der Punktmasse relativ zum Aufbauschwerpunkt nach 4.15 verändert. Der Faktor k_{d_x} repräsentiert einen P-Regler. Auf diese Art werden die Differenzen der Federwege an Vorder- und Hinterachse angeglichen.

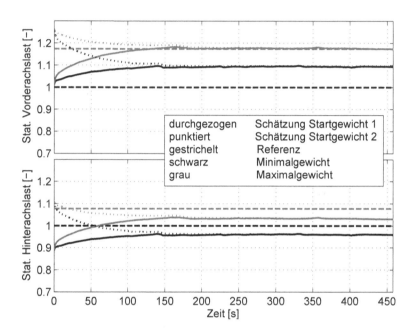

Abbildung 4.8: Darstellung der Schätzung der Achslasten für verschiedene Gewichtskonfigurationen und Startwerte

Aus diesen fortlaufend berechneten Größen werden in ausgewählten Fahrsituationen nach der Gleichung 4.16 rekursiv gewichtete Mittelwerte bestimmt. Mit diesen werden die Schwerpunktseigenschaften im Echtzeitmodell verändert. Die Signale der Sitzbelegung werden zur Ermittlung von Startwerten verwendet. Ausgehend davon wird beim Fahrzeugstart mit niedrigen Werten für die Wichtung W begon-

nen. Die Wichtung wird in Abhängigkeit der Anzahl der Fahrzustände, die in die
Schätzung eingegangen sind, linear erhöht.

$$d_{j_i} = \frac{d_{j_{i-1}} \cdot W + d_j}{W + 1}$$ 	Gl. 4.16

Abbildung 4.8 zeigt die Schätzung der vorderen und hinteren Achslasten für Fahr-
ten auf öffentlichen Straßen. Dabei wurde einmal mit Minimal- und einmal mit
Maximalgewicht gefahren. Gestrichelt sind jeweils die Messwerte dargestellt. Die
durchgezogenen und punktierten Linien zeigen die Schätzwerte für verschiedene
Startwerte. Die Bezugswerte der Normierung sind die Achslasten des Fahrzeugs bei
Minimalgewicht. Mit zunehmender Fahrtdauer werden die Achslasten unabhängig
von den Startwerten auf 2 % bestimmt. Die Geschwindigkeit der Adaption wird
begrenzt, um Schwingungen im Fahrzeugmodell zu vermeiden.

4.2.2 Struktur der Identifikation der Querdynamik

Das querdynamische Verhalten des Zweispurmodells wird durch Adaption der Parameter λ_μ und λ_K des Reifenmodells angepasst. Um diesen Vorgang während des
Betriebs für die Reifen der Vorder- und Hinterachse durchführen zu können, werden
zunächst die Einspurmodellparameter Schräglaufsteifigkeit der Hinterachse C_h und
EG identifiziert. Gemäß Abbildung 4.9 dienen die Zustandsgröße Gierrate $\dot\psi_{esm}$
und der aus der identifizierten Schräglaufsteifigkeit der Hinterachse C_h berechnete
Schwimmwinkel β_{esm} als Führungsgrößen für das Fahrzustandsbeobachtermodell.

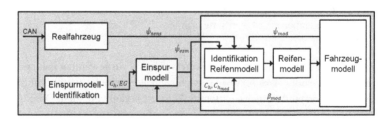

Abbildung 4.9: Übersicht über die querdynamische Identifikation des Fahrzustandsbeobachtermodells

Damit das Fahrzustandsbeobachtermodell nicht erst nach vollständig abgeschlossener Identifikation des Einspurmodells plausible Werte liefern kann, laufen zum

Einen beide Prozesse parallel, zum Anderen wird die gemessene Gierrate des Fahrzeugs $\dot{\psi}_{sens}$ durch einen Bypass zur sofortigen Anpassung der Reifenparameter der Vorderachse verwendet. So wird sichergestellt, dass der Fahrzustandsbeobachter auch bei nicht vollständig abgeschlossener Identifikation der Schräglaufsteifigkeit der Hinterachse die korrekte Querbeschleunigung ausgeben kann.

4.2.3 Online-Identifikation des Einspurmodells

Die Identifikation der absoluten Schräglaufsteifigkeiten beider Achsen stellt im Realfahrbetrieb mit der in Serienfahrzeugen verfügbaren Sensorik eine große Herausforderung dar. Für die korrekte Berechnung von Schwimmwinkel und Querbeschleunigung, besonders bei dynamischer Anregung, ist die Kenntnis der Schräglaufsteifigkeiten jedoch unerlässlich. Es wird eine Methode zur Identifikation der Schräglaufsteifigkeiten des Einspurmodells vorgestellt, die in Kooperation mit [89] erarbeitet wurde und dort detailliert beschrieben wird. Die weiteren benötigten Parameter des Einspurmodells werden entweder durch die Basis-Parametrierung oder weitere Schätzmodule als bekannt vorausgesetzt.

Einige Ansätze zur Online-Schätzung der Schräglaufsteifigkeiten berücksichtigen zwingend dynamische Fahrzeuganregung (bspw. [112]), eine zusätzliche Bedingung zwischen vorderer C_v und hinterer Schräglaufsteifigkeit C_h (bspw. [109]) oder nur eine Achse zur Adaption (bspw. [11], [40]). Andere Ansätze setzen zusätzliche oder höher auflösende Sensorik voraus ([1], [56]) oder arbeiten mit Beobachterstrukturen wie in Abschnitt 3.3.2 beschrieben. Die vorgestellte Methode repräsentiert ein modulares Konzept, das vorwiegend stationäre Fahrmanöver zur Identifikation heranzieht.

Gesamtkonzept zur Identifikation von Schräglaufsteifigkeiten

Es wird vorausgesetzt, dass die verwendeten Beschleunigungssignale in den Schwerpunkt transformiert und mögliche Offsets bereinigt sind. Hierbei ist insbesondere das Lenkradwinkelsignal zu nennen. Dies geschieht in der Signaldatenaufbereitung (vgl. Abbildung 4.1). Anschließend werden mehrere Module zur Schätzung des Schwimmwinkels bedient. Jedes dieser Module wird in ausgewählten Fahrsituationen in Abhängigkeit des Fahrzustands aktiviert. Diese explizite Schätzung des Schwimmwinkels ist notwendig, um den Einfluss mechatronischer Fahrwerksysteme auf das Gesamtfahrzeugverhalten und damit die Modellidentifikation quantifizieren zu können (siehe Kapitel 5). Das Gesamtkonzept ist durch alternative

Ansätze zur Schwimmwinkelschätzung erweiterbar. Parallel zur Schwimmwinkel-schätzung werden die Seitenkräfte an den Achsen nach dem Einspurmodell aus dem gemessenen Querbeschleunigungssignal berechnet:

$$F_{y_v} = m_{ges} \cdot a_{y_{sens}} \cdot \frac{l_h}{l} \qquad\qquad \text{Gl. 4.17}$$

$$F_{y_h} = m_{ges} \cdot a_{y_{sens}} \cdot \frac{l_v}{l} \qquad\qquad \text{Gl. 4.18}$$

Die geschätzten Schwimmwinkelsignale werden zusätzlich zu den modul-individu-ellen Aktivierungsbedingungen untereinander gewichtet, falls in ein und dersel-ben Fahrsituation mehr als nur eine Methode aktiv wird. Indem die geschätzten Schwimmwinkel auf die Hinterachse bezogen wurden (2.12, 2.13), wird der Ein-fluss der kinematischen Systeme (hier HAL) berücksichtigt. Bei den Seitenkräften

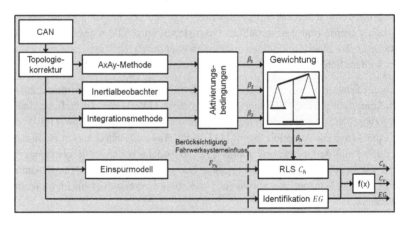

Abbildung 4.10: Gesamtkonzept der Einspurmodellidentifikation nach [89]

wird nach 4.17 und 4.18 der Einfluss der Systeme berücksichtigt, die ein zusätzli-ches Giermoment $M_{z_{sys}}$ aufbringen (Torque-Vectoring). Damit liegen Werte für die Schräglaufwinkel sowie die Seitenkräfte der Achsen vor, die um die wesentlichen Symptome, welche die Identifikation beeinflussen, korrigiert sind. So kann davon ausgegangen werden, dass gemäß der „Grey-Box"-Strategie rein das Verhalten der Reifen zusammengefasst mit den in der Modellierung nicht abgebildeten Effek-ten (Lenkungselastizität und Elastokinematik) identifiziert wird. Die Schätzung der Schräglaufsteifigkeit aus den Daten für Schräglaufwinkel α_h und Seitenkraft F_{y_h} wird über einen Algorithmus der rekursiven kleinsten Fehlerquadrate (RLS = Recursive Least Squares) für die Hinterachse realisiert. Der EG wird während

Fahrzuständen der stationären Kurvenfahrt über einen gewichteten Mittelwert (4.16) identifiziert nach:

$$EG = \frac{\delta_v - \delta_h}{a_{y_{sens}}} - \frac{l}{v^2} \qquad \text{Gl. 4.19}$$

Da auch gilt

$$EG = \frac{m_v}{C_v} - \frac{m_h}{C_h} \qquad \text{Gl. 4.20}$$

kann durch Kenntnis von C_h und EG auf die Schräglaufsteifigkeit der Vorderachse C_v geschlossen werden:

$$C_v = \frac{m_v}{EG + \frac{m_h}{C_h}} \qquad \text{Gl. 4.21}$$

Der RLS-Algorithmus ist nach [43] beschrieben und ermöglicht die rekursive Schätzung einer Ausgleichsfunktion durch die nach dem beschriebenen Verfahren ermittelten Datenpunkte der Seitenkraftkennlinie.

$$\underline{\gamma}(k) = \frac{\underline{P}(k)\underline{\psi}(k+1)}{\underline{\psi}^T(k+1)\underline{P}(k)\underline{\psi}(k+1) + \lambda_{RLS}} \qquad \text{Gl. 4.22}$$

$$\underline{P}(k+1) = \left[\underline{E} - \underline{\gamma}(k)\underline{\psi}^T(k+1)\right]\underline{P}(k)\frac{1}{\lambda_{RLS}} \qquad \text{Gl. 4.23}$$

$$\underline{\hat{\theta}}(k+1) = \underline{\hat{\theta}}(k) + \underline{\gamma}(k)\left[y(k+1) - \underline{\psi}^T(k+1)\underline{\hat{\theta}}(k)\right] \qquad \text{Gl. 4.24}$$

Dabei ist $\underline{\hat{\theta}}$ der Parametervektor der gesuchten Ausgleichspolynomkoeffizienten, $\underline{\psi}$ der x-Datenvektor (hier der Seitenkraftvektor $\left[F_{y_h}^0 \ldots F_{y_h}^{n-1}\; F_{y_h}^n\right]$) und y der y-Datenvektor (hier der Skalar des Schräglaufwinkels α_h). λ_{RLS} ist der Vergessensfaktor, welcher bewirkt, dass die Messwerte zum Zeitpunkt k im Verhältnis zur gesamten Anzahl N mit dem Faktor w nach der Vorschrift

$$w(k) = \lambda_{RLS}^{N-k}, \, 0 < \lambda_{RLS} < 1 \qquad \text{Gl. 4.25}$$

gewichtet werden [89]. Damit „vergisst" die Methode vergangene Werte langsam [52]. Es wird ein Wert von 0,9999 für λ_{RLS} verwendet, der etwas über dem von

[52] vorgeschlagenen Wertebereich von $0{,}95 \leq \lambda_{RLS} \leq 0.995$ liegt, aber damit zur numerischen Stabilität [43] beiträgt. Für den Grad des hier approximierten Polynoms n wird 1 gewählt. Das heißt, es wird lediglich eine lineare Schätzung vorgenommen. Das Auftragen des Schräglaufwinkels über der Seitenkraft hat den Vorteil, dass ohne große Änderungen auch höhergradige Polynome geschätzt werden können. Um keine Verfälschung der Schätzung durch den nichtlinearen Bereich zu erhalten, werden nur Daten, welche die Bedingung $\mu_{y_{nutz}} \leq 0{,}8$ erfüllen, für das RLS-Verfahren verwendet. Nach [89] wird die Initialisierung der Kovarianzmatrix $\underline{P}$ und des Parametervektors $\hat{\underline{\theta}}$ mit den von [103] vorgeschlagenen Startwerten vorgenommen:

$$\underline{P}(0) = \varepsilon\underline{E}, \text{ mit } \varepsilon = 1000 \qquad\qquad \text{Gl. 4.26}$$

$$\hat{\underline{\theta}}(0) = \underline{0} \qquad\qquad\qquad\qquad\qquad \text{Gl. 4.27}$$

Die Schräglaufsteifigkeit wird als der Kehrwert von $\hat{\underline{\theta}}(n = 1)$ identifiziert.

AxAy-Methode

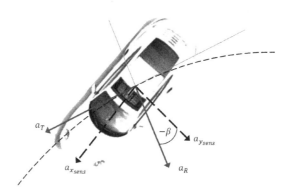

Abbildung 4.11: Prinzipskizze der AxAy-Methode zur Schwimmwinkelschätzung

Die fahrzeugfesten Beschleunigungssensoren erfassen aufgrund des Schwimmwinkels nach Abbildung 4.11 Anteile der Tangential- und Zentrifugalbeschleunigungen. Daraus lässt sich nach folgenden Gleichungen der Schwimmwinkel konstruieren.

$$a_{x_{sens}} = a_T cos\beta - a_R sin\beta \qquad \text{Gl. 4.28}$$

$$a_{y_{sens}} = a_T sin\beta + a_R cos\beta \qquad \text{Gl. 4.29}$$

Durch Linearisierung kleiner Winkel, Umformen, Einsetzen und der Bedingung, dass für stationäre Fahrzustände gilt $a_T\beta \ll a_{y_{sens}}$, erhält man

$$\beta = -\frac{a_{x_{sens}} - a_T}{a_{y_{sens}}} \qquad \text{Gl. 4.30}$$

Da die Tangentialbeschleunigung a_T jedoch nicht direkt erfasst wird, wird sie als Ableitung des Mittelwerts der Raddrehzahlen ermittelt. Diese Methode liefert ausschließlich für stationäre Kurvenfahrten plausible Werte.

Inertialmethode

Für diese Schätzmethode wird das zuvor beschriebene Konzept zu einem Luenberger-Beobachter (vgl. [65]) erweitert. Die Zustandsgleichungen des Einspurmodells für die Schwerpunktsgeschwindigkeiten lassen sich zu einem inertialen Beobachter weiterentwickeln als:

$$\underbrace{\begin{bmatrix} \dot{v}_x \\ \dot{v}_y \end{bmatrix}}_{\underline{\dot{x}}(t)} = \underbrace{\begin{bmatrix} 0 & \dot{\psi} \\ -\dot{\psi} & 0 \end{bmatrix}}_{\underline{A}} \underbrace{\begin{pmatrix} v_x \\ v_y \end{pmatrix}}_{\underline{x}(t)} + \underbrace{\begin{bmatrix} a_x \\ a_y \end{bmatrix}}_{\underline{u}(t)} + \underbrace{\begin{bmatrix} l_1 \\ l_2 \end{bmatrix}}_{\underline{L}} \cdot \underbrace{(\hat{v}_x - v_x)}_{\hat{\underline{x}}(t) - \underline{x}(t)} \qquad \text{Gl. 4.31}$$

Der Schwimmwinkel wird anschließend ermittelt als:

$$\beta = -\arctan\left(\frac{v_y}{v_x}\right) = -\arctan\left(\frac{v_y}{v\cos\beta}\right) \approx -\frac{v_y}{v} \qquad \text{Gl. 4.32}$$

Die Koeffizienten der Beobachtermatrix $\underline{\underline{L}}$ werden nach [104] abhängig von dem Abstimmparameter γ festgelegt als:

$$l_1 = 2\,|\gamma| \qquad\qquad\qquad \text{Gl. 4.33}$$

$$l_2 = \left(\gamma^2 - 1\right)\psi \qquad\qquad \text{Gl. 4.34}$$

Für γ hat sich durch Versuche der Wert 20 als Kompromiss zwischen Robustheit gegen Fehler in Quer- (γ groß) und Längsrichtung (γ klein) etabliert [104]. Im Vergleich zur AxAy-Methode bietet der Inertialbeobachter eine höhere Schätzgüte, vor allem bei Manövern, in denen $\dot{v} \neq 0$ gilt, da dieser Term hier berücksichtigt wird. Nachteilig wirkt sich aus, dass der Beobachter etwas mehr Zeit braucht, um sich einzuschwingen. Die Inertialmethode wird ebenfalls nur in stationären Fahrzuständen aktiviert; allerdings wird eine höhere Toleranzschwelle für $\dot{v}$ angesetzt.

Integrationsmethode

Der Integrationsmethode liegt die zweite Zeile aus 4.31 zugrunde. Durch Integration über der Zeit lässt sich v_y mit $v_x \approx v$ berechnen.

$$v_y = \int a_{y_{sens}} - v\dot{\psi}\,dt \qquad\qquad \text{Gl. 4.35}$$

Nach 4.32 kann der Schwimmwinkel berechnet werden. Da sich Offset- und Drift-fehler in den verwendeten Sensorsignalen jedoch auch auf das Resultat der Integration auswirken, ist diese Methode nicht zur kontinuierlichen Schwimmwinkel-schätzung über den gesamten Fahrbetrieb geeignet [42], [106]. Stattdessen müssen an den Integrationsgrenzen definierte Randbedingungen bekannt sein, sodass der Schwimmwinkel in ausgewählten Fahrsituationen geschätzt werden kann, was zur Schätzung der Schräglaufsteifigkeit ausreicht. Dazu werden nach Abbildung 4.12 Terme zur Offset- und Driftkorrektur des Integrals eingeführt.

Der Drift des Integrals zwischen $t = 0$ und t_1 ist auf einen Offset der Sensorsignale zurückzuführen und wird hier als additiver Korrekturterm a_{offset} bezeichnet. Er berechnet sich zu:

$$\dot{v}_y \overset{!}{=} 0 = a_{y_{sens}} - v\dot{\psi} + a_{offset} \qquad\qquad \text{Gl. 4.36}$$

$$a_{offset} = v\dot{\psi} - a_{y_{sens}} \qquad\qquad \text{Gl. 4.37}$$

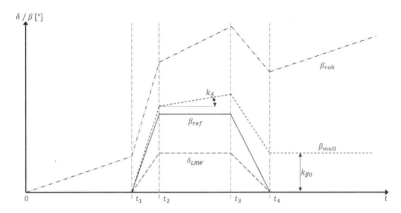

Abbildung 4.12: Korrektur des Schwimmwinkelsignals der Integrationsmethode nach [89] beim Lenkwinkelsprung mit Zurücklenken

Durch Berücksichtigung des additiven Störterms a_{offset} wird ein „Weglaufen" des Integrals verhindert und schematisch der Verlauf β_{roh} zu dem additiv korrigierten Verlauf β_{mult} geändert. Der additive Störterm wird laufend ermittelt, bei Erkennen einer Startbedingung festgehalten und zu $a_{y_{sens}} - v\dot{\psi}$ addiert. Zusätzlich wird das Integral bei erkannter Startbedingung auf Null gesetzt. Weiterhin kann das Integral (Verlauf β_{mult}) durch einen multiplikativen Störterm verfälscht werden, der z.B. durch den fahrzeugfesten Beschleunigungssensor entstehen kann. Durch die Nick- und Wankbewegung des Sensors werden u.U. Anteile der Erdbeschleunigung g vom Sensor erfasst. Um diesen Einfluss zu korrigieren, werden zwei Methoden vorgestellt. Die erste - k_δ-Methode bezeichnet - setzt voraus, dass nach dem Lenken aus der Nulllage heraus ab t_2 eine Haltephase eintritt. Das bedeutet, die Randbedingung für die zweite Integrationsgrenze lautet:

$$\dot{\beta} = \dot{v}_y \stackrel{!}{=} 0 = k_\delta a_{y_{sens}} - v\dot{\psi} \qquad \text{Gl. 4.38}$$

$$k_\delta = \frac{v\dot{\psi}}{a_{y_{sens}}} \qquad \text{Gl. 4.39}$$

Die zweite - $k_{\beta 0}$-Methode - ermittelt den Korrekturfaktor $k_{\beta 0}$ zum Zeitpunkt t_4 bei
Zurücklenken auf Null. Es wird zu den Zeitpunkten 0 und t_4 also vorausgesetzt,
dass gilt:

$$\beta = v_y \overset{!}{=} 0 = \int_0^{t_4} k_{\beta 0} a_{y_{sens}} - v\dot{\psi} dt \qquad \text{Gl. 4.40}$$

$$k_{\beta 0} = \int_0^{t_4} \frac{v\dot{\psi}}{a_{y_{sens}}} \qquad \text{Gl. 4.41}$$

Das Prinzip bedingt, dass die Anwendung der multiplikativen Korrekturfaktoren
immer erst nach Abschluss eines als zur Auswertung geeigneten Manövers erfolgen
kann. Daher werden die benötigten Signalverläufe mit frei einstellbarer Samplerate gespeichert. Wird ein Manöver ausgewertet, werden die Verläufe erneut, dann
aber unter Anwendung aller Korrekturfaktoren, wiedergegeben. Das Reduzieren
der Samplerate hat keinen Einfluss auf die Güte der Schätzung des Schwimmwin-
kelverlaufs. Es stehen dadurch lediglich weniger Punkte zur Approximation der
Schräglaufsteifigkeit zur Verfügung [89].

Abbildung 4.13 visualisiert die Effekte der Korrekturfaktoren anhand gemessener
Signalverläufe. Zu sehen ist wie der unkorrigierte Verlauf β_{roh} vom Referenzsignal
abdriftet. Durch Anwendung der additiven Korrektur wird bereits eine signifikante
Verbesserung erzielt (β_{mult}). Nach Anwendung der additiven und multiplikativen
Korrektur ist eine sehr gute Approximation des Referenzsignalverlaufs zu erzielen.

Die zeitversetzte Auswertung des Signalverlaufs erfordert eine aufwendige Logik.
Zur Startbedingung muss der Lenkradwinkel für mindestens zwei Sekunden im
Bereich zwischen $\pm 6°$ sein und diesen anschließend verlassen. Während dieser Zeit
wird der additive Korrekturfaktor a_{offset} ermittelt und bei erfüllter Startbedingung
festgehalten. Anschließend muss ein Querbeschleunigungsniveau von mindestens
$1\ m/s^2$ für mindestens eine Sekunde erreicht werden. Auf das Erreichen der End-
bedingung (Lenkradwinkel zwischen $\pm 3°$ für mindestens $0,25\ s$) wird maximal
15 Sekunden gewartet, bevor das Manöver verworfen wird, sodass ein erneutes
Erfüllen der Startbedingung ermittelt werden kann. Wird eine der beiden Endbedin-
gungen für k_δ oder $k_{\beta 0}$ erfüllt, wird der entsprechende Korrekturfaktor nach 4.39
bzw. 4.41 ermittelt und festgehalten. Anschließend wird, wie oben beschrieben, der
Signalverlauf, unter Anwendung des jeweiligen Korrekturfaktors, erneut wiedergegeben.

Die Ergebnisse der Schätzung des Schwimmwinkels und der Schräglaufsteifigkeiten
sind in den Ergebnisdarstellungen in Kapitel 6 abgebildet.

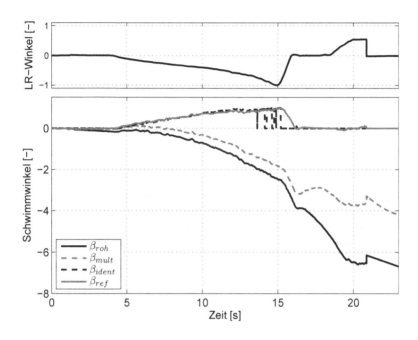

Abbildung 4.13: Funktion der Signalkorrektur der Integrationsmethode nach [89] (β_{ident} wurde für die Abbildung zeitlich synchronisiert)

4.2.4 Online-Identifikation des Zweispurmodells

In Abbildung 4.9 wird die Struktur der querdynamischen Identifikation des Fahrzustandsbeobachtermodells bereits dargelegt. Hier wird speziell auf die Blöcke *Einspurmodell* und *Identifikation Reifenmodell* eingegangen. Nachdem das Einspurmodell mittels der in Unterabschnitt 4.2.3 beschriebenen Methode identifiziert wurde, wird es anschließend als *virtueller Sensor* benutzt, um die Zustandsgrößen $\dot{\psi}$ und β als Führungsgrößen für das Zweispurmodell bereitzustellen. Generell werden die Reifenparameter der Vorderachse verändert, um die Gierbewegung und damit die Querbeschleunigung korrekt wiedergeben zu können. Die Parameter der Hinterachse werden rein zur Adaption des Schwimmwinkelbedarfs verwendet. Dabei sind die Eingangsgrößen jedoch die Schräglaufsteifigkeiten der Hinterachse und nicht die Schwimmwinkel. Diese Zuordnung orientiert sich an [113].

Einspurmodell als virtueller Sensor

Zunächst wird die äquivalente Schräglaufsteifigkeit des Beobachtermodells $C_{h_{mod}}$ mit 2.12 ermittelt. Alle darin verwendeten Zustandsgrößen sind vom Beobachtermodell berechnet. Die geometrischen Größen sind global.

$$C_{h_{mod}} = \frac{F_{y_{h_{mod}}}}{\alpha_{h_{mod}}} = \frac{v_{mod} \cdot \dot{\psi}_{mod} \cdot m \cdot \frac{l_v}{l}}{\delta_h - \beta_{mod} + l_h \frac{\dot{\psi}_{mod}}{v_{mod}}} \qquad \text{Gl. 4.42}$$

Mit dieser aktuellen Schräglaufsteifigkeit der Hinterachse des Beobachtermodells und dem identifizierten EG aus 4.19 kann auf die Schräglaufsteifigkeit der Vorderachse geschlossen werden, die das Beobachtermodell benötigt, um mit der aktuellen Hinterachssteifigkeit $C_{h_{mod}}$ den identifizierten EG zu erzielen und damit die korrekte Querbeschleunigung im linearen Bereich ausgeben zu können. Dazu wird 4.20 umgestellt:

$$C_{v_{ziel}} = \frac{l_h}{\frac{l_v}{C_{h_{mod}}} + \frac{EG \cdot l}{m}} \qquad \text{Gl. 4.43}$$

Durch Umstellen von 4.19 nach a_y und $a_y = v\dot{\psi}$ kann durch Einsetzen von 4.20 die Gierrate berechnet werden, die der EG aus der Einspurmodellidentifikation vorgibt. Die Berechnung unter Verwendung der expliziten Schräglaufsteifigkeiten $C_{v_{ziel}}$ und $C_{h_{mod}}$ ist zur Korrektur des Einflusses von Fahrwerksystemen nötig (siehe Kapitel 5).

$$\dot{\psi}_{esm} = \frac{\delta_v - \delta_h}{\frac{mv}{l} \left(\frac{l_h}{C_{v_{ziel}}} - \frac{l_v}{C_{h_{mod}}} \right) + \frac{l}{v}} \qquad \text{Gl. 4.44}$$

Da hier der identifizierte EG verwendet wird, muss auch die Fahrzeuggeschwindigkeit v verwendet werden, die der EG-Identifikation zugrunde liegt. Mit diesen drei Gleichungen wird die Information, welche die Einspurmodellidentifikation gewinnt, dem Zweispurmodell zugänglich gemacht.

Einteilung des fahrdynamischen Bereichs

Wie beschrieben, werden das lineare und das nichtlineare querdynamische Modellverhalten adaptiert. Durch die Verwendung des identifizierten Einspurmodells als virtueller Sensor wird zusätzliche Information generiert, sodass für den linearen Bereich der Vorderachse sogar zwei Informationsquellen (ψ_{sens} und ψ_{esm}) zur Verfügung stehen. Abbildung 4.14 visualisiert die Zuordung von Führungsgrößen und adaptierten Parametern für Vorder- und Hinterachsidentifikation. Auf die einzelnen

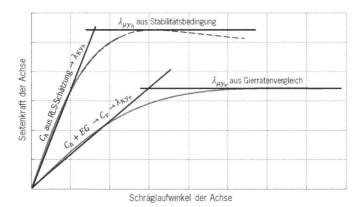

Abbildung 4.14: Zuordnung der Identifikationsmethodiken des Fahrzustandsbeobachtermodells

Identifikationsroutinen wird in Abschnitt 4.2.4 detailliert eingegangen. Um vorab aber trennen zu können, welcher Bereich derzeit adaptiert werden muss, wird analog 4.13 die Bewertungsgröße $\mu_{y_{nutz_{sens}}}$ eingeführt, bei der die auf Basis des Querbeschleunigungssensors ermittelte Seitenkraft der Vorderachse ins Verhältnis zur maximal übertragbaren Seitenkraft der Vorderachse gesetzt wird. Es wird nicht $\mu_{y_{nutz}}$ nach 4.13 verwendet, da dies eine Rückführung des Modells und das Risiko einer Instabilität mit sich bringen würde. Durch dieses Vorgehen sind $\mu_{y_{nutz}}$ und $\mu_{y_{nutz_{sens}}}$ in stationären Fahrzuständen allerdings gleich.

$$\mu_{y_{nutz_{sens}}} = min\left(\frac{|m\frac{l_h}{l}\cdot a_{y_{sens}}|}{|D_{y_{VL}}+D_{y_{VR}}|}\right) \leq 1 \qquad \text{Gl. 4.45}$$

Weiterhin wird ein Kennwert für die Stabilität der Hinterachse eingeführt. Die *Stabilitätsreserve sr* wird als das Verhältnis der Ausnutzung des seitlichen Kraftschlusses der Hinterachse und $\mu_{y_{nutz_{sens}}}$ definiert:

$$sr = \frac{\mu_{nutz_{HL}} + \mu_{nutz_{HR}}}{2\cdot\mu_{y_{nutz_{sens}}}} \qquad \text{Gl. 4.46}$$

Anhand dieser Kennwerte wird eine Aktivierung des zu adaptierenden Parameters erfolgen.

Da die Identifikation sich, wie die Einspurmodellidentifikation, auf den stationären Fahrdynamikbereich bezieht, wird neben dem Bereich des ausgenutzten Kraftschlusses auch das Vorliegen einer stationären Fahrsituation überprüft.

Identifikation des linearen Fahrdynamikbereichs

Mit den gebildeten Kennwerten und den Signalen aus dem Einspurmodell kann das Fahrzustandsbeobachtermodell adaptiert werden. Dazu werden folgende Verhältnisse definiert:

$$q_1 = \frac{|v\dot{\psi}_{esm}|}{|v_{mod}\dot{\psi}_{mod}|} \cdot w_{q_1} \qquad \text{Gl. 4.47}$$

$$q_2 = \frac{|v\dot{\psi}_{sens}|}{|v_{mod}\dot{\psi}_{mod}|} \cdot w_{q_2} \qquad \text{Gl. 4.48}$$

$$q_3 = \frac{C_{h_{esm}}}{C_{h_{mod}}} \qquad \text{Gl. 4.49}$$

Wobei gilt $w_{q_1} = w_{q_2}$ und wobei w_{q_1} eine Wichtungsfunktion ist, die querbeschleunigungsabhängig zwischen 0 und 0,2 $\frac{m}{s^2}$ den Wert 0 annimmt und zwischen 0,2 $\frac{m}{s^2}$ und 1,2 $\frac{m}{s^2}$ linear auf 1 ansteigt.

Gemäß 2.13 ist der Schwimmwinkelbedarf lediglich von der Fahrzeuggeometrie und dem hinteren Schräglaufwinkel abhängig. Daher wird derjenige Parameter λ_{Ky_h} des Reifenmodells adaptiert, der die Schräglaufsteifigkeit der Hinterräder skaliert. Ist die Adaption aktiviert, wird λ_{Ky_h} rekursiv angepasst:

$$\lambda_{Ky_{h_i}} = \lambda_{Ky_{h_{i-1}}} \frac{W + q_3}{W + 1} \qquad \text{Gl. 4.50}$$

Dabei ist W ein variabler Wichtungsfaktor, der hier in Abhängigkeit von q_3 gewählt wird. Ist $q_3 = 1$, so wird $W = 4/T_{sample}$, um eine hohe Gewichtung des bereits eingestellten Wertes für λ_{Ky_h} zu erhalten. Weicht q_3 um 0,05 in positive oder negative Richtung ab, so gilt $W = 1/T_{sample}$, um ein schnelles Anpassen von λ_{Ky_h} zu gewährleisten. Bei inaktiver Adaption gilt $q_3 = 1$.

Für die Adaption von λ_{Ky_v} stehen zwei Informationsquellen zur Verfügung. q_1 repräsentiert das Verhältnis zwischen Fahrzustandsbeobachtermodell und identifiziertem Einspurmodell und q_2 das Verhältnis zur aktuell gemessenen Gierrate. Da q_1 eine Mittelung über vergangene Zustände darstellt und q_2 lediglich die aktuelle Fahrsituation abbildet, wird q_1 als *Master*-Führungsgröße definiert, während q_2 nur unter bestimmten Bedingungen aktiviert wird. Primär wird das Gierverhalten des Fahrzustandsbeobachtermodells also vom identifizierten Einspurmodell geführt. Die Sensorinformation ψ_{sens} gemäß Abbildung 4.9 bzw. q_2 wird nur verwendet, um das Gierverhalten bei nicht abgeschlossener Einspurmodellidentifikation abbilden zu können. Demnach werden auch zwei Faktoren für die Skalierung der Schräglaufsteifigkeit λ_{Ky_v} definiert:

- $\lambda_{Ky_{v_m}}$: Der Index *m* steht für *Master*. Dieser Faktor ändert sich langsam und wird maßgeblich aus dem Verhältnis q_1 gebildet.

- $\lambda_{Ky_{v_s}}$: Der Index *s* steht für *Slave*. Dieser Faktor ändert sich schnell und wird maßgeblich aus dem Verhältnis q_2 gebildet.

$\lambda_{Ky_{v_m}}$ berechnet sich analog zu λ_{Ky_h}:

$$\lambda_{Ky_{v_{m_i}}} = \lambda_{Ky_{v_{m_{i-1}}}} \frac{W + q_1}{W + 1}$$

Gl. 4.51

Wird aber die Abweichung zwischen gemessener und Modellgierrate größer als 10 %, also $q_2 < 0.9$ oder $q_2 > 1.1$, wird $\lambda_{Ky_{v_s}}$ aktiviert. Dieser berechnet sich dann analog:

$$\lambda_{Ky_{v_{s_i}}} = \lambda_{Ky_{v_{s_{i-1}}}} \frac{W + q_2}{W + 1}$$

Gl. 4.52

Dabei ist W fest gewählt als $1/T_{sample}$. Bei jeder Aktivierung wird als Startwert für $\lambda_{Ky_{v_s}}$ der jeweils aktuelle Wert von $\lambda_{Ky_{v_m}}$ übernommen:

$$\lambda_{Ky_{v_{s_0}}} = \lambda_{Ky_{v_{m_i}}}$$

Gl. 4.53

So ist gewährleistet, dass beim Umschalten keine Unstetigkeit des Modells entstehen kann. Sobald $\lambda_{Ky_{v_s}}$ aktiviert wurde, dient es als Führungsgröße für $\lambda_{Ky_{v_m}}$, für das gilt:

$$\lambda_{Ky_{v_{m_i}}} = \frac{\lambda_{Ky_{v_{s_{i-1}}}} \cdot q_1 + \lambda_{Ky_{v_{m_{i-1}}}} \cdot W}{W + 1}$$

Gl. 4.54

Ohne diese Prämisse würde bei nicht abgeschlossener Identifikation des Einspurmodells die Adaption des Fahrzustandsbeobachtermodells durch $\lambda_{Ky_{v_s}}$ aktiviert und es könnte die Situation auftreten, dass die Führungsgröße $\lambda_{Ky_{v_m}}$ nicht mehr verändert werden würde. So gleicht sich $\lambda_{Ky_{v_m}}$ langsam $\lambda_{Ky_{v_s}}$ an, auch wenn $\lambda_{Ky_{v_s}}$ aktiv ist. Es wird auf $\lambda_{Ky_{v_m}}$ zurückgeschaltet, sobald die Bedingung gilt:

$$|\lambda_{Ky_{v_{m_i}}} - \lambda_{Ky_{v_{m_i}}}| \leq 0.01 \qquad\qquad \text{Gl. 4.55}$$

Dadurch ist wiederum auch beim Reaktivieren von $\lambda_{Ky_{v_{m_i}}}$ sichergestellt, dass es keine Modellunstetigkeiten geben kann. Für das Reifenmodell des Fahrzustandsbeobachters wird der jeweils aktivierte Pfad verwendet.

Identifikation des nichtlinearen Fahrdynamikbereichs

Abbildung 4.14 zeigt, dass neben dem linearen Bereich der Vorder- und Hinterachse auch der nichtlineare Bereich in Form der maximal übertragbaren Seitenkraft abgeschätzt wird. Dies geschieht gemäß 2.11 durch Anpassung der Skalierungsfaktoren $\lambda_{\mu_{y_v}}$ für die Vorderachse und $\lambda_{\mu_{y_h}}$ für die Hinterachse. Dabei ist zu beachten, dass dieser Wert lediglich für die Vorderachse robust identifiziert werden kann. An der Hinterachse wird dieser Betriebsbereich aufgrund der aus Sicherheitsgründen positiv ausgelegten Stabilitätsreserve sr (vgl. 4.46) nicht erreicht.

Bei Aktivierung der Adaption von $\lambda_{\mu_{y_v}}$ wird der Wert rekursiv analog dem bisherigen Vorgehen definiert:

$$\lambda_{\mu_{y_{v_i}}} = \lambda_{\mu_{y_{v_{i-1}}}} \frac{W + q_4}{W + 1} \qquad\qquad \text{Gl. 4.56}$$

Dabei gilt für q_4:

$$q_4 = \begin{cases} q_2 & \text{falls Aktivierung aktiv} \\ 0{,}9999 & \text{falls Aktivierung inaktiv und } \lambda_{\mu_y} > 0{,}9 \end{cases} \qquad \text{Gl. 4.57}$$

Das bedeutet, λ_{μ_y} wird bei inaktiver Adaption langsam reduziert, um sicherzustellen, dass kleine Reibwerterniedrigungen durch den Gierratenvergleich festgestellt werden können, die durch einen externen Reibwertschätzer nicht aufgelöst werden können. Über die Aktivierungsbedingungen kann die Adaption bereits vor Erreichen des Maximums der Seitenkraftkennlinie begonnen werden. Dies setzt allerdings gute Kenntnis ihres Krümmungsverlaufs voraus. Für vorliegendes FZB-Konzept ist dies durch die in Unterabschnitt 4.1.3 beschriebene Bereitstellung der Reifendaten gewährleistet.

Die Adaption der maximal übertragbaren Seitenkraft der Hinterachse kann aufgrund des oben beschriebenen Verhaltens nicht analog erfolgen. Die Hinterachse ist jedoch entscheidend für die Modellstabilität. Nach Unterabschnitt 3.2.3 muss die Modellstabilität stets gewährleistet sein - auch in instabilen Fahrzuständen. Daher wird für die maximal übertragbare Seitenkraft der Hinterachse eine Stabilitätsbedingung eingeführt, nach der mit 4.45 und 4.46 für stationäre Zustände gilt:

$$sr \geq 1,2 \Rightarrow \frac{\mu_{nutz_{HL}} + \mu_{nutz_{HR}}}{2} \geq 1,2 \qquad \text{Gl. 4.58}$$

Sollte die Ausnutzung der Hinterachse max $(\mu_{nutz_{HL}}, \mu_{nutz_{HR}})$ in instationären Fahrzuständen, z.B. beim Bremsen in der Kurve, größer als 0,95 werden, wird $\lambda_{\mu_{y_h}}$ kurzzeitig erhöht, um die Stabilität des Modells zu gewährleisten. Sinkt die Ausnutzung unter 0,7, wird die Erhöhung zurückgenommen.

4.2.5 Schätzung der Fahrbahntopologie

Für die meisten Fahrwerksysteme im Fahrzeug wird davon ausgegangen, dass das Fahrzeug auf einer ebenen Fläche fährt [97]. Die korrekte Erfassung der Topologie der Fahrbahn, die das Fahrzeug aktuell befährt oder in Kürze befahren wird, ist jedoch essenziell, um eventuelle Fehlfunktionen der Fahrwerksysteme zu vermeiden [90]. In diesem Abschnitt wird ein Ansatz zur Schätzung des Fahrbahnlängssteigungswinkels λ_{steig} nach [34] gezeigt.

In jüngster Vergangenheit haben optische Verfahren zur Topologieschätzung aufgrund der zunehmenden Verfügbarkeit optischer Systeme im Fahrzeug an Bedeutung gewonnen (bspw. [63]). Neben diesen spielen Methoden, die sich Positionsbestimmungssystemen wie GPS (Global Positioning System) bedienen (bspw. [3], [71]), aufgrund der durch Navigationssysteme bedingten Verfügbarkeit von GPS-Empfängern, eine zunehmende Rolle. Modellbasierte Ansätze unter Verwendung der „konventionellen" fahrzeugeigenen Sensorik (Beschleunigungssensoren, Federwegsensoren, etc.) werden durch erhöhte, verfügbare Rechenleistung im Fahrzeug begünstigt. [105] ermittelt die Fahrbahnsteigung anhand eines RLS-Verfahrens

auf der Fahrwiderstandsgleichung. Kalmanfilter werden u.a. von [29], [51] eingesetzt, bringen aber den Nachteil des hohen Parametrieraufwands mit sich. Hier
werden Methoden der Steigungsschätzung verwendet, welche die konventionelle
Fahrzeugsensorik verwenden und weitestgehend auf Parameterschätzverfahren für
die Bestimmung der Topologie verzichten und sich so in das in Abschnitt 3.3
vorgestellte Fahrzustandsbeobachterkonzept einfügen.

Methode zur Fahrbahntopologieschätzung

Der Vergleich der gemessenen Längsbeschleunigung $a_{x_{sens}}$ und der Ableitung der
Fahrgeschwindigkeit v liegt der Steigungsschätzung zugrunde. Nach 4.28 werden
die Anteile der Querbeschleunigung und des Schwimmwinkels korrigiert, und
falls ein Vertikalbeschleunigungssensor vorhanden ist, zusätzlich der Einfluss der
Vertikalbeschleunigung berücksichtigt. In die Berechnung geht der Fahrzeugnick-
winkel aus den Signalen der Federwegsensoren ein. Würde der vom FZB-Modell
errechnete Nickwinkel einfließen, bestünde die Gefahr eines Aufschwingens des
FZB-Modells. Der Rohwert der Steigung errechnet sich zu:

$$\lambda_{steig} = asin\left(\dot{v}cos\beta cos\theta - a_{y_{sens}}sin\beta - a_{z_{sens}}sin\theta - a_{x_{sens}}\right) - \theta \qquad \text{Gl. 4.59}$$

Da die Fahrzeuggeschwindigkeit v, die als Mittelwert der Raddrehzahlen der Vor-
derräder ermittelt wird, differenziert werden muss, ist die Methode in Zuständen
fehlerbehaftet, in denen hoher Längsschlupf existiert [17]. Eine genauere Ermittlung
der Über-Grund-Geschwindigkeit kann dies verhindern. [17] stellt ein ähnliches
Vorgehen zur Steigungsermittlung vor, allerdings ohne die zur Stabilität beitragende
Verwendung von $a_{z_{sens}}$.

Ergebnisse der Fahrbahntopologieschätzung

Abbildung 4.15 zeigt, dass der vorgestellte Ansatz für eine Fahrt auf einem Rund-
kurs Steigungswinkel ausgibt, die den mittels OxTS-Messtechnik (Oxford Technical Solutions, siehe A.1) ermittelten Referenzsteigungswinkel gut beschreiben.
Allerdings zeigt sich in Bremssituationen (z.B. bei Sekunden 18 und 125) die
Problematik der Geschwindigkeitsableitung, die in [17] beschrieben wird.

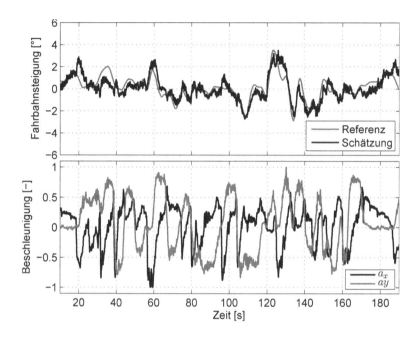

Abbildung 4.15: Steigungsschätzung

4.3 Behandlung stabilitätsrelevanter Fahrsituationen

Das Fahrzustandsbeobachtermodell ist eine Abbildung der Realität. Für den Validitätsbereich des Gesamtmodells bestehen z.b. aufgrund von Eigenschaften von Teilmodellen Einschränkungen. Es wurde das Ziel verfolgt, die Einschränkungen auf Fahrsituationen zu reduzieren, in denen der Effekt von Fahrwerksystemen minimal ist.

4.3.1 Initialisierung und Startwerte

Der Auswahl der Parameter der Grundparametrierung kommt nach [11] eine große Bedeutung zu. Sie erfolgt beim Hersteller eines Fahrzeugs und repräsentiert ein *mittleres Modell* [11]. Ausgehend von diesen a-priori Kenntnissen wird das Modell durch die Online-Modellidentifikation während des Betriebs stetig an das Fahrzeug adaptiert.

Die Initialisierung des Fahrzustandsbeobachtermodells erfolgt immer in dem Zustand einer Geradeausfahrt mit 5 km/h (siehe Unterabschnitt 4.3.2). Die Lage des Schwerpunkts wird immer mit den Koordinaten $d_x = d_m = 0$ angegeben. Die λ-Faktoren des Reifenmodells werden mit 1 initialisiert.

In der Einspurmodellidentifikation ist maßgeblich das RLS-Verfahren (siehe Abschnitt 4.2.3) zu initialisieren. Dazu wird bei jedem Starten des Motors das Initialisierungsverfahren ausgeführt. In der ersten Sekunde nach dem Start werden $1/T_{sample}$ Punkte, die eine definierte Schräglaufsteifigkeit ergeben, in die Seitenkraftkennlinie eingetragen. So wird das Risiko unplausiblen Verhaltens des RLS-Algorithmus durch eine geringe Anzahl von Punkten zu Beginn der Identifikation reduziert.

4.3.2 Stillstand

Aufgrund des im Fahrzustandsbeobachter beschriebenen Reifenmodells (siehe Unterabschnitt 2.1.3, Unterabschnitt 4.1.3), das die Seitenkräfte der Reifen in Abhängigkeit des Schräglaufwinkels berechnet, stellt der Stillstand des Fahrzeugs eine besonders zu behandelnde Situation dar. Die Längsgeschwindigkeit v_x steht bei der Berechnung der Schräglaufwinkel α im Nenner, weshalb bei Stillstand eine Division durch Null erfolgen würde. Um dies zu verhindern, wird mit dem in Unterabschnitt 4.1.1 beschriebenen Geschwindigkeitsregler stets eine Minimalgeschwindigkeit von 5 km/h eingestellt. Dazu dient besonders der additiv funktionierende Teil des Reglers. Daher hält das Modell niemals an und fährt auch niemals rückwärts. In diesen Fahrsituationen sind die Effekte von Fahrwerksystemen zu vernachlässigen, weshalb durch dieses Verhalten des Fahrzustandsbeobachters kein Nachteil entsteht. Um das Modell in einen stabilen Zustand zu überführen, werden die Fahrereingaben mit einem Faktor, der linear von 0 auf 1 zwischen 5 km/h und 10 km/h ansteigt, multipliziert.

4.3.3 Unter- und Übersteuersituationen

Die Anforderungen an einen Fahrzustandsbeobachter setzen voraus, dass der Fahrzustand in jeder Fahrsituation, die relevant für Fahrwerksysteme ist, dargestellt werden kann (vgl. Unterabschnitt 3.2.3). Dies wird häufig so interpretiert, dass die Gierrate als Kriterium der Kurshaltung und der Schwimmwinkel als Stabilitätskriterium [7] stets beobachtet werden müssen (vgl. Abschnitt 3.3.2). [106] stellt verschiedene Bewertungskriterien anhand eines Schwimmwinkelschätzers und des Einspurmodells vor, wobei auch auf den *EG* eingegangen wird. [11] schlägt eine Bewertung mit dem gierratenbasierten CVSI (Characteristic Velocity Stability Indicator) vor. In dieser Arbeit wird das Ziel verfolgt, mit den verfügbaren Fahrwerksystemen keine Zustandsgrößen zu regeln. Daher ist es auch nicht notwendig, diese in allen Situationen zu ermitteln. Es reicht die Kenntnis über den Validitätsbereich des Echtzeitmodells und eine Bewertung der Situationen, in denen die berechneten Größen nicht gültig sind.

Über- und Untersteuersituationen sind mit dem Echtzeitmodell nicht robust darstellbar [93]. Daher werden anhand des zur Schätzung der Schräglaufsteifigkeiten identifizierten Eigenlenkgradienten (vgl. Unterabschnitt 4.2.3) Über- und Untersteuersignale berechnet. Aus dem *EG* wird mit einem linearen Modell der Ziellenkwinkel δ_{ziel} berechnet:

$$\delta_{ziel} = \left(\frac{l}{v_{sens}^2} + EG \right) \cdot v_{sens} \dot{\psi} \qquad \text{Gl. 4.60}$$

Um diesen Ziellenkwinkel wird ein Toleranz-Korridor gelegt, dessen obere und untere Grenze $\delta_{toleranz}$ unabhängig über einen Offset und einen linearen Faktor eingestellt werden können.

$$\delta_{toleranz} = \delta_{target} \cdot k_{toleranz} + a_{toleranz} \qquad \text{Gl. 4.61}$$

Befindet sich der aktuell gemessene Lenkwinkel $\delta_v = \delta_{lrw}/\tau$ noch in diesem Korridor, wird kein Über- bzw. Untersteuern erkannt. Wird dieser Korridor verlassen, steigt das Über- bzw. Untersteuersignal linear von 0 bis maximal 1 an. 1 wird an einer weiteren Grenze $\delta_{korridor}$ erreicht, die durch Multiplikation der Differenz zwischen $delta_{korridor}$ und $delta_{korridor}$ mit $k_{korridor}$ berechnet wird.

$$\delta_{korridor} = \delta_{ziel} + (\delta_{toleranz} - \delta_{ziel}) \cdot k_{korridor} \qquad \text{Gl. 4.62}$$

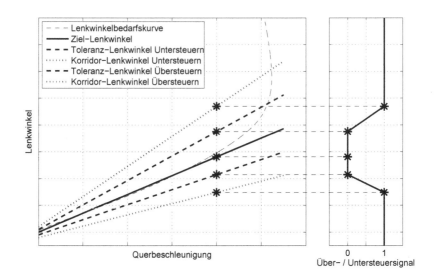

Abbildung 4.16: Funktionsprinzip des Über- und Untersteuersignals

Abbildung 4.16 visualisiert das Funktionsprinzip. Unter Einbeziehung des Lenkwinkels einer Hinterachslenkung δ_h lassen sich daraus die Gleichungen für Über- und Untersteuersignal wie folgt ableiten:

$$\Delta_{ueber-/untersteuer} = \frac{\delta_v - \delta_h - (\delta_{target} \cdot k_{toleranz} + a_{toleranz})}{(k_{korridor} - 1)[\delta_{ziel} \cdot (k_{toleranz} - 1) + a_{toleranz}]} \qquad \text{Gl. 4.63}$$

Für die Variablen werden jeweils die Über- bzw. Untersteuerparameter eingesetzt. Tritt Über- oder Untersteuern im Fahrzeug auf, kann den Fahrwerksystemen ein quantitatives Maß über die Abweichung vom stationären, linearen Lenkwinkelbedarf gegeben werden.

Das Fahrzustandsbeobachtermodell darf jedoch aus Stabilitätsgründen nicht übersteuern. Daher ist das Modell in dieser Situation auch nicht mehr valide. Bei einem Gegenlenken durch den Fahrer bleibt das Modell stabil und folgt dem Verlauf des Lenkradwinkels. Damit stimmen die berechneten Zustandsgrößen nicht mehr mit der Realität überein. Die Fahrwerksysteme reagieren auf die Über- und Untersteuersignale. Zur Sicherstellung der Stabilität des Echtzeitmodells wird eine Anpassung des Seitenführungspotenzials der Hinterreifen vorgenommen. Wird der Kraftschluss an einem der Hinterräder zu 92 % ausgenutzt, wird der Faktor λ_{μ_y} zusätzlich zu der in Unterabschnitt 4.2.4 beschriebenen Routine kurzzeitig erhöht. Fällt die Ausnutzung unter 70 %, wird λ_{μ_y} auf den ursprünglichen Wert zurückgesetzt. Gleichzeitig wird ein Parameter ausgegeben, mit dem das Modell seine Unplausibilität an die Systeme meldet. In Untersteuersituationen berechnet das Modell die Zustände korrekt. So wird sichergestellt, dass das Echtzeitmodell stabil bleibt, während die Systeme von dem Vergleich der aktuellen Fahrsituation mit langfristig identifizierten Charakteristika (vgl. Unterabschnitt 3.3.3) profitieren.

5 Modellidentifikation unter dem Einfluss von Fahrwerksystemen

Während des Betriebs steht das Kraftfahrzeug unter dem Einfluss von Störgrößen. Je nach Verfügbarkeit zählen zu diesen auch die Einflüsse mechatronischer Fahrwerksysteme. Für die Modellidentifikation bedeutet dies zusätzlichen Aufwand - sowohl für die Objektivierung des Fahrverhaltens im Entwicklungsprozess als auch für die Online-Identifikation in einem Fahrzustandsbeobachter. Wird ein Modell durch experimentelle Modellbildung identifiziert, werden die Effekte von aktiven Systemen implizit im Gesamtmodell abgebildet [44]. Damit ist das Modell auch nur für genau die Randbedingungen und Zustände validiert, die bei Identifikation vorlagen. Denn ein aktives System könnte sein Verhalten bspw. geschwindigkeits- oder beladungsabhängig ändern. Wo im Entwicklungsprozess je nach Anwendungsfall

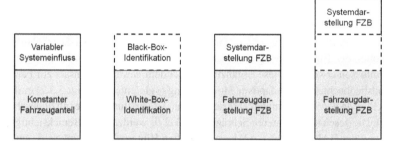

Abbildung 5.1: Modellidentifikation unter dem Einfluss aktiver Fahrwerksysteme

mit Black-Box-Modellen gearbeitet werden kann, ist es für einen Fahrzustandsbeobachter, von dem gemäß Unterabschnitt 3.3.3 gefordert wird, die Fahrwerksystemeinflüsse abzubilden, essenziell, zu quantifizieren, wie welches Fahrwerksystem das Fahrverhalten beeinflusst. Dies gilt sowohl für die Identifikation wie auch die Echtzeitdarstellung (vgl. Abbildung 3.9). Abbildung 5.1 visualisiert die Notwendigkeit, bei der Identifikation rein das passive Fahrzeug zu identifizieren. Wird der Beitrag eines aktiven Systems zu einer zu identifizierenden Größe bei der Identifikation nicht korrekt quantifiziert, kommt es demnach auch bei der Darstellung im Echtzeitmodell zu Fehlern.

Der Einfluss der Verteilung der Antriebsmomente zwischen Vorder- und Hinterachse wird bei der Identifikation außer Acht gelassen. Das Fahrverhalten ist in stationären Fahrsituationen bis in den Grenzbereich unabhängig von der Allradverteilung [27].

5.1 Modellidentifikation unter Fahrwerksystemeinfluss

Der Einfluss auf die Identifikation wird für die Fahrwerksysteme HAL und TV betrachtet. Zunächst wird auf die Identifikation des Einspurmodells eingegangen (vgl. Unterabschnitt 4.2.3). Anschließend wird die Zweispurmodellidentifkation (vgl. Unterabschnitt 4.2.4) um den Systemeinfluss erweitert.

5.1.1 Identifikation des Einspurmodells unter Fahrwerksystemeinfluss

Das in Abbildung 4.10 gezeigte Vorgehen zur Identifikation der Schräglaufstei-figkeiten des Einspurmodells wird um die Berücksichtigung von Fahrwerksyste-meinflüssen erweitert. Diese Ergänzung ist bei dem gewählten Ansatz zur Fahrzu-standsbeobachtung mit adaptiver Modellierung (vgl. Unterabschnitt 3.3.2) einfach möglich, da der Schwimmwinkel in ausgewählten Fahrsituationen explizit geschätzt wird. Die geschätzten hinteren Schräglaufwinkel β_h werden unter Berücksichtigung des von der HAL über den CAN bereitgestellten Hinterachslenkwinkels δ_h auf die Radstellung bezogen (siehe 2.12,2.13). TV-Systeme beeinflussen nicht die Kinema-tik des Fahrwerks. Stattdessen wird der Seitenkraftanteil, den eine Achse an der Gesamtseitenkraft trägt, verändert [94]. Daher werden 4.17 und 4.18 um das durch TV-Systeme erzeugte Giermoment $M_{z_{sys}}$ erweitert:

$$F_{y_v} = m_{ges} \cdot a_{y_{sens}} \cdot \frac{l_h}{l} - \frac{M_{z_{sys}}}{l} \qquad \text{Gl. 5.1}$$

$$F_{y_h} = m_{ges} \cdot a_{y_{sens}} \cdot \frac{l_v}{l} + \frac{M_{z_{sys}}}{l} \qquad \text{Gl. 5.2}$$

$M_{z_{sys}}$ berechnet sich aus den nach Unterabschnitt 4.1.1 berechneten Längskräften zu:

$$M_{z_{sys}} = \frac{F_{x_{hr}} - F_{x_{hl}}}{2} t_h \qquad \text{Gl. 5.3}$$

Die so korrigierten Größen gehen in die Approximation der Seitenkraftkennlinie bzw. der Schräglaufsteifigkeit $C_{h_{sys}}$ ein. Der EG unter Fahrwerksystemeinfluss wird hergeleitet aus 2.3, 2.12, 4.20, 5.1 und 5.2 zu:

$$EG = \frac{\delta_v - \delta_h + \frac{M_{zsys}}{l}\left(\frac{1}{C_v} - \frac{1}{C_h}\right)}{a_{y_{sens}}} - \frac{l}{v^2} \qquad \text{Gl. 5.4}$$

Der EG wird als ein gewichteter Mittelwert nach 4.16 langfristig ermittelt und gespeichert.

5.1.2 Identifikation des Zweispurmodells unter Fahrwerksystemeinfluss

Zur Integration der Zweispurmodellidentifikation wird Abbildung 4.9 erweitert. Für die Adaption der hinteren Schräglaufsteifigkeit wird 4.42 um das durch Fahrwerksysteme erzeugte Giermoment ergänzt. In den bereits verwendeten hinteren Radlenkwinkel δ_h geht nun zusätzlich zu den kinematischen Lenkeffekten auch der Lenkwinkel der Hinterachslenkung ein.

$$C_{h_{mod}} = \frac{F_{y_{h_{mod}}}}{\alpha_{h_{mod}}} = \frac{v_{mod} \cdot \dot\psi_{mod} \cdot m \cdot \frac{l_v}{l} + \frac{M_{zsys}}{l}}{\delta_h - \beta_{mod} + l_h \frac{\dot\psi_{mod}}{v_{mod}}} \qquad \text{Gl. 5.5}$$

Um den Fahrwerksystemeinfluss korrigiert, kann $C_{h_{mod}}$ mit der im Einspurmodell identifizierten und nach Unterabschnitt 5.1.1 ebenfalls korrigierten Schräglaufsteifigkeit C_h verglichen werden. Das Vorgehen zur Adaption von $\lambda_{K_{y_h}}$ erfolgt gemäß Abschnitt 4.2.4. Abbildung 5.2 visualisiert die Adaption unter dem Einfluss aktiver Fahrwerksysteme. Prinzipiell bleibt das Vorgehen gleich, wie in Unterabschnitt 4.2.2 beschrieben. Die eingefügten Dreiecke symbolisieren die Kompensation (-) bzw. die zusätzliche Berücksichtigung (+) der aktiven Systeme.

Es ist erstrebenswert, für die Adaption der Vorderachse Signale zu verwenden, die den Fahrwerksystemeinfluss bereits beinhalten. Denn so können die gemessene Gierrate $\dot\psi_{sens}$ und die vom Fahrzustandsbeobachtermodell berechnete Gierrate $\dot\psi_{mod}$ direkt in die Berechnung eingehen. Es muss lediglich die Führungsgröße $\dot\psi_{esm}$ um den Fahrwerksystemeinfluss erweitert werden. Dazu wird 5.4 mit den

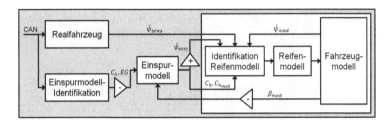

Abbildung 5.2: Erweiterung der querdynamischen Identifikation um die Berücksichtigung aktiver Fahrwerksysteme

Einspurmodellparametern EG, C_h und C_v sowie den Radlenkwinkeln δ_v und δ_h und dem durch Fahrwerksysteme erzeugten Giermoment $M_{z_{sys}}$ nach $\dot{\psi}_{esm}$ umgestellt zu:

$$\dot{\psi}_{esm} = \frac{\delta_v - \delta_h + \frac{M_{z_{sys}}}{l}\left(\frac{1}{C_v} + \frac{1}{C_h}\right)}{v \cdot EG + \frac{l}{v}} \qquad \text{Gl. 5.6}$$

Damit sind für stationäre Fahrsituationen, in denen $a_y = v\dot{\psi}$ gilt, wieder zwei Führungsgrößen für die Adaption der Vorderachssteifigkeit gegeben, wodurch auch bei sprungartiger Veränderung des EG eine robuste Abbildung der Querbeschleunigung durch den FZB gewährleistet ist (vgl. Abschnitt 4.2.4).

5.2 Ergebnisse

Dieser Abschnitt zeigt die Anwendung der oben beschriebenen Routinen zur Modellidentifikation des Fahrzustandsbeobachters auf das stationäre Manöver Lenkwinkelrampe im Fahrversuch. Betrachtet werden die kinematischen Einflüsse der HAL auf die Identifikation der Schräglaufsteifigkeit der Hinterachse sowie die energieeinbringenden Einflüsse des ABD auf die Identifikation der Seitenkraftkurve der Vorderachse. Dabei werden jeweils drei Varianten, die sich aus zwei Versuchskonfigurationen ableiten, verglichen. Die erste repräsentiert das passive Fahrzeug und entsprechend konventionelle Modellidentifikation. Für die zweite Variante wird das aktive Fahrzeug mit konventioneller Methodik identifiziert, während in der dritten die Regelsystemeinflüsse auf die Modellidentifikation kompensiert werden, sodass die Ergebnisse von Variante eins und drei im Optimalfall exakt übereinstimmen.

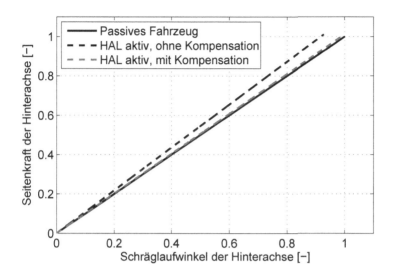

Abbildung 5.3: Kompensation des Einflusses einer Hinterachslenkung auf die Schräglaufsteifigkeit der Hinterachse im Fahrversuch

Der Vergleich der identifizierten Schräglaufsteifigkeiten der Hinterachse unter Ein-
fluss der HAL zeigt, dass die HAL die Steifigkeit zunächst durch gleichsinniges
Lenken virtuell erhöht (schwarz zu schwarz gestrichelt, vgl. Abbildung 5.3). Der
Fahrzustandsbeobachter identifiziert jedoch mit Kompensation des Regelsystemeinflusses (grau gestrichelt). Es ist zu sehen, dass die beschriebenen Routinen zur
Modellidentifikation (vgl. Unterabschnitt 4.2.2) und zur Kompensation der Regelsystemeinflüsse unter Verwendung im Fahrzeug vorhandener Signale das passive
Fahrzeugverhalten gut erkennen können. Die Steifigkeit von Variante drei weicht
um 1,5 % von der Referenzsteifigkeit ab.

Abbildung 5.4 visualisiert den Einfluss eines Giermoment erzeugenden Systems
auf die Identifikation der Seitenkraftkurve der Vorderachse. Das erzeugte, in Richtung der Kurvenfahrt wirkende Giermoment ermöglicht es, eine höhere Querbeschleunigung zu erreichen. Daher wird mit konventioneller Identifikation (schwarz
gestrichelt) ein größeres Seitenkraftmaximum erkannt. Durch Kompensation nach
5.1 wird das identische Seitenkraftmaximum des passiven Fahrzeugs identifiziert.
Da der Fahrzustandsbeobachter die Datenpunkte im nichtlinearen Bereich zwar
erfasst, aber nach Unterabschnitt 5.1.2 nicht für die Modellidentifikation des Zwei-

spurmodells verwendet, wurden die Seitenkraftkurven der Abbildung 5.4 offline approximiert.

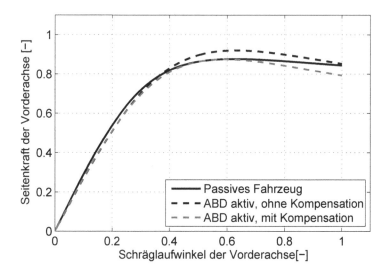

Abbildung 5.4: Kompensation des Einflusses eines Aktiven Bremsendifferenzials auf die Seitenkraftkurve der Vorderachse im Fahrversuch

6 Funktionsnachweis

In diesem Kapitel wird die Umsetzung des vorgestellten Vernetzungskonzepts für mechatronische Fahrwerksysteme beschrieben. Dazu gehören die Integration des Fahrzustandsbeobachters in vorhandene Strukturen der Entwicklungsumgebung, die Fahrzustandsbeobachtung als Funktion sowie das Ansteuern von Fahrwerksystemen aus dem Vernetzungskonzept heraus.

6.1 Integration in die Entwicklungsinfrastruktur

6.1.1 Automatische Modellerzeugung und -optimierung

Das in Abschnitt 4.1 beschriebene Fahrdynamikmodell zur Fahrzustandsbeobachtung wird automatisch aus einer vorhandenen Modellumgebung erzeugt. Die Vereinfachungen und notwendigen Änderungen des Modells werden über eine grafische Benutzerschnittstelle ausgelöst (siehe A.4). Diese ermöglicht es, aus jedem vorhandenen Simulationsmodell schnell ein Modell zur Fahrzustandsbeobachtung zu erzeugen, das für RP-Umgebungen (RP = Rapid-Prototyping) im Fahrzeug oder Offline-Simulationen verwendet werden kann. Um die Echtzeitfähigkeit zu gewährleisten, sind Optimierungsalgorithmen implementiert, die im Modell hinterlegte Kennfelder ggf. auf eine Dimension reduzieren, durch Polynome ersetzen oder die Anzahl der Stützstellen reduzieren können.

Alle Werkzeuge sind universell auf beliebige Matlab/Simulink-Modelle anwendbar, womit die These der gegenseitigen Synergieeffekte zwischen Vernetzung von Fahrwerksystemen und der Entwicklungsinfrastruktur (vgl. Abschnitt 3.1) bestätigt und eine Struktur nach Abbildung 3.10 eingehalten worden ist.

6.1.2 Prozessuale Integration

Zur Analyse des Fahrverhaltens werden standardisierte Fahrmanöver mit messtechnisch umfangreich ausgestatteten Fahrzeugen durchgeführt und ausgewertet.

Zur Objektivierung wird ein Modell aus vielen Manövern identifiziert, um Modellparameter vergleichbar zu machen. Dieser Prozess muss in dem vorgestellten Ansatz zur Fahrzustandsbeobachtung ebenfalls durchgeführt werden. Dabei werden allerdings Fahrmanöver des Kundenbetriebs gefahren, wobei nur eingeschränkte Sensorik zur Verfügung steht und alle Auswertungen und Modellidentifikationen online durchgeführt werden müssen. Das Ziel beider Prozesse ist das gleiche: Ein Fahrzeugmodell zu identifizieren, das den Zustand des Fahrzeugs bei Durchführung der Fahrmanöver repräsentiert. Abbildung 6.1 visualisiert diese Prozesse und die entstehenden Synergiemöglichkeiten.

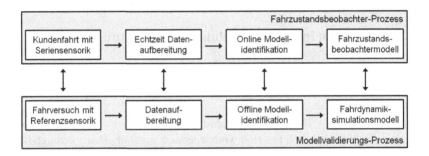

Abbildung 6.1: Vergleich der Prozesse zur Modellvalidierung im Entwicklungsprozess und der Modellidentifikation im Fahrzustandsbeobachter

Bei der Identifikation der Einspurmodellparameter werden diese Synergien genutzt, indem die Module zur Schätzung des Schwimmwinkels aus dem Fahrzustandsbeobachter in die Auswertewerkzeuge der Entwicklungsinfrastruktur integriert sind. Für ausgewählte Manöver besteht die Möglichkeit, den mit Referenzmesstechnik (bspw. OxTS [74] oder Datron CorrSys [53]) bestimmten Schwimmwinkelverlauf mit dem geschätzten Schwimmwinkel zu plausibilisieren und ggf. zu ersetzen. Dadurch werden die Datenvalidität erhöht und die Messmittel überprüfbar. Auf der anderen Seite wird die Entwicklung der Module zur Schwimmwinkelschätzung beschleunigt, da diese einer breiten Anwenderschicht und unterschiedlichen Fahrzeug- und Testbedingungen zugeführt werden. Diese Effekte sind in Abbildung 6.2 dargestellt.

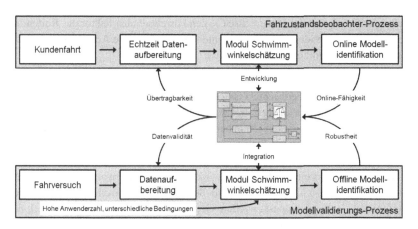

Abbildung 6.2: Integration der Schwimmwinkelschätzung in den Entwicklungsprozess und gegenseitige Synergien

6.2 Fahrzustandsbeobachtung

Die Funktion des Fahrzustandsbeobachters wird für das passive Fahrzeug und das Fahrzeug mit aktivierten Fahrwerksystemen mit Fahrversuchsdaten bewertet. Zunächst werden synthetische Manöver auf einer Fahrdynamikfläche betrachtet. Weiterhin wird das Modellverhalten bei Rundstreckenfahrten dargelegt. Als Versuchsfahrzeug dient ein Porsche 911 Turbo (siehe A.3).

6.2.1 Validierung des Gesamtfahrzeugmodells am passiven Fahrzeug

Es werden Lenkwinkelrampen-Manöver bei 100 km/h nach [47], deren Daten im Fahrversuch ermittelt wurden, mit dem Beobachtermodell nachsimuliert. Da nicht eine zusammenhängende Messdatei aufgezeichnet, sondern für jede Messung eine eigene Datei angelegt wird, werden diese synthetisch aneinander gehängt. Abbildung 6.3 und Abbildung 6.4 zeigen die Verläufe des Lenkradwinkels, der Gierrate, des Schwimmwinkels und querdynamisch relevanter identifizierter Modellparameter. Dabei sind jeweils in grau die mit der Referenzmesstechnik erzeugten und in schwarz die vom Fahrzustandsbeobachter berechneten Verläufe qualitativ dargestellt. Zusätzlich wird der in die Einspurmodellidentifikation eingehende geschätzte Schwimmwinkel in schwarz gestrichelt abgebildet. Die untere Grafik zeigt die

Schräglaufsteifigkeit der Hinterachse C_h, den korrelierenden Faktor des Reifenmodells $\lambda_{K_{y_h}}$ und den identifizierten Eigenlenkgradienten. Die Achsenskalierungen sind über alle Abbildungen hinweg gleich.

In Abbildung 6.3 ist das Fahrzeug mit Winterreifen ausgerüstet, die Startparametrierung des Fahrzustandsbeobachters ist jedoch auf Sommerreifen, die deutlich höhere Schräglaufsteifigkeiten aufweisen, ausgelegt. Zu sehen ist, dass die Adaption der vorderen Schräglaufsteifigkeit schon bei den ersten Manövern greift, da die Gierrate korrekt ausgegeben werden kann. Die Adaption der Hinterachse benötigt mehr Zeit, da zunächst deren Schräglaufsteifigkeit geschätzt werden muss, wozu z.T. nicht in Echtzeit arbeitende Schwimmwinkelschätzmethoden angewendet werden (vgl. Unterabschnitt 4.2.3). Erst anschließend kann der korrelierende Faktor des Reifenmodells $\lambda_{K_{y_h}}$ angepasst werden. Gegen Ende der Messreihe kann auch der Schwimmwinkel korrekt berechnet werden. Im Schwimmwinkelverlauf der vierten Lenkwinkelrampe (bei ca. 82 s) ist ein ausbrechendes Heck zu erkennen. Dieses Verhalten wird vom Fahrzustandsbeobachtermodell nicht wiedergegeben, sondern muss über das Übersteuersignal abgedeckt werden (vgl. Unterabschnitt 4.3.3).

Der umgekehrte Fall der Startparametrierung wird in Abbildung 6.4 behandelt. Das Fahrzeug ist nun mit Sommerreifen ausgerüstet, das Fahrzustandsbeobachtermodell geht anfangs von deutlich zu niedrigen Schräglaufsteifigkeiten aus. Es ist zu sehen, dass die Identifikation auch diesen Zustand erkennen kann. Denn die Schräglaufsteifigkeiten beider Achsen werden sukzessive erhöht, sodass der Schwimmwinkelverlauf bei konstant bleibendem EG angenähert wird. Die Inertialmethode zur Einspurmodellidentifikation (vgl. Abschnitt 4.2.3) wird in dieser Messreihe häufiger aktiviert als bei dem mit Winterreifen ausgerüsteten Fahrzeug. Dies liegt an der höheren Steifigkeit der Hinterachse. Durch diese resultiert eine geringere Schwimmwinkelgeschwindigkeit und die Stationärbedingung $a_y - \dot{\psi} \leq k_{stat}$ wird häufiger erfüllt. Der Startwert der vorderen Schräglaufsteifigkeit ist für beide Untersuchungen gleich gehalten. Das heißt, das Verhältnis C_v/C_h wird nicht als zusätzliche Bedingung konstant angenommen [109]. Für beide Abbildungen ist Konvergenz der Identifikation zu erkennen.

Um das Modellverhalten auch bei dynamischer Anregung in verschiedenen Geschwindigkeitsbereichen und unter dem Einfluss der Kombination von Längs- und Querdynamik zu überprüfen, wird eine Rundstreckenfahrt (siehe A.2) analysiert. Das Fahrzeug und die Startparameter des FZB sind in identischer Konfiguration wie in Abbildung 6.4. Zu Anfang wird die Gierrate nicht richtig abgebildet. Dies ist dadurch erklärbar, dass die Messung unmittelbar in einer Kurve startet und die Startparametrierung weit von der Zielparametrierung entfernt ist. Nach der zweiten Kurve kann die Gierrate im niedrigen und mittleren Querdynamikbereich

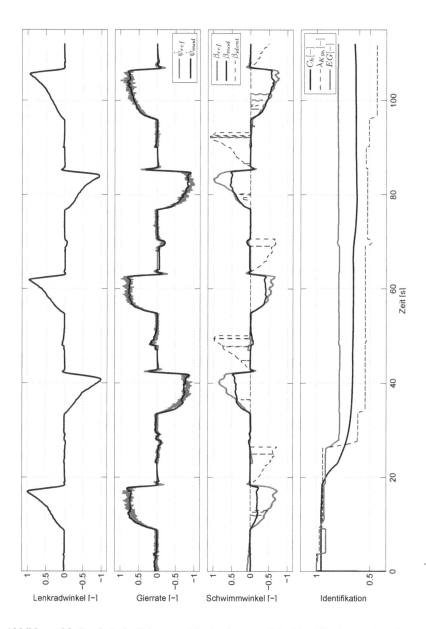

Abbildung 6.3: Ergebnis der Fahrzustandsbeobachtung und der Identifikationsroutinen im Manöver Lenkwinkelrampe mit Winterreifen

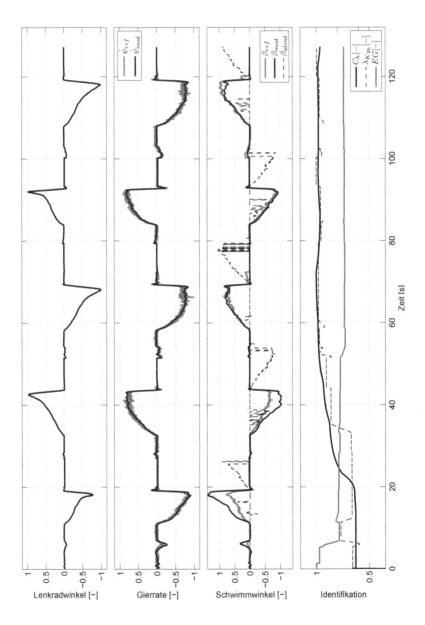

Abbildung 6.4: Ergebnis der Fahrzustandsbeobachtung und der Identifikationsroutinen im Manöver Lenkwinkelrampe mit Sommerreifen

abgebildet werden. In Abbildung 6.5 ist bei ca. 35 s zu erkennen, dass der Bereich höherer Querbeschleunigung noch nicht vollständig identifiziert wurde. Das Modell gibt dort ca. 8 % zu wenig Gierrate aus. Der Schwimmwinkel wird zu Anfang aufgrund der von der Zielparametrierung absichtlich abweichenden Startparametrierung ebenfalls nicht korrekt ausgegeben. Durch die Identifikation passt sich das Modellverhalten dem Realfahrzeug aber langsam an. Bei ca. 60 s ist die Auswirkung einer Fehlschätzung von β_{ident} auf C_h zu sehen. Der identifizierte Wert steigt nicht stetig, sondern sinkt aufgrund der Fehlschätzung kurzzeitig. Am Ende der Messung kann der Schwimmwinkelverlauf gut approximiert werden, die identifizierten Modellparameter liegen mit denen aus Abbildung 6.4 in einem Bereich von ±5 %.

6.2.2 Validierung des Gesamtfahrzeugmodells am aktiven Fahrzeug

Der Funktionsnachweis des Fahrzustandsbeobachters für ein Fahrzeug unter dem Einfluss aktiver Fahrwerksysteme wird analog dem obigen Vorgehen beschrieben. Zunächst wird das Verhalten in synthetischen, aneinandergereihten Manövern und anschließend bei einer Rundstreckenfahrt beurteilt. Bei den synthetischen Manövern ist jeweils nur ein Fahrwerksystem aktiv, während bei der Rundstreckenfahrt alle Systeme arbeiten. In einer zusätzlichen Darstellung wird das Systemverhalten (δ_h bzw. $M_{z_{sys}}$ nach 5.3) abgebildet.

Bei aktivierter Hinterachslenkung bestätigt sich jenes Verhalten, welches in Unterabschnitt 6.2.1 festgestellt wurde. Die Gierrate wird nach einer kurzen Einlernphase plausibel wiedergegeben (vgl. Abbildung 6.6). Die Schätzung der Schräglaufsteifigkeit der Hinterachse dauert länger und somit auch die Abbildung des Schwimmwinkels. Die um den Fahrwerksystemeinfluss korrigierte Schräglaufsteifigkeit $C_{h_{sys}}$ konvergiert gleich der am passiven Fahrzeug ermittelten (vgl. Abbildung 6.4). Ohne Korrektur des Systemeinflusses würde die Schräglaufsteifigkeit C_h ermittelt werden, die ebenfalls abgebildet ist und ca. 7 % über $C_{h_{sys}}$ liegt.

Das Modellverhalten unter Einfluss des Aktiven Bremsen Differenzials (ABD) ist in Abbildung 6.7 visualisiert. Die Identifikation der Hinterachsschräglaufsteifigkeit ist von den Bremseingriffen unbeeinflusst (C_h liegt auf $C_{h_{sys}}$). Dies ist damit zu begründen, dass diese in den stationären Manövern erst im nichtlinearen Fahrdynamikbereich einsetzen, welcher nicht in die Identifikation eingeht. Das Fahrzustandsbeobachtermodell geht jedoch korrekt mit den Bremseingriffen um, da Gierraten- und Schwimmwinkelverläufe nach ihren jeweiligen Einlernphasen auch im nichtlinearen Bereich gut mit der Messung übereinstimmen (siehe Abbildung 6.7).

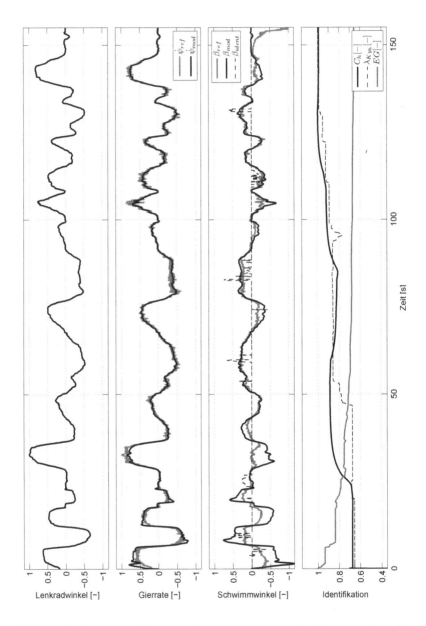

Abbildung 6.5: Ergebnis der Fahrzustandsbeobachtung und der Identifikationsroutinen für eine Rundstreckenfahrt mit Sommerreifen

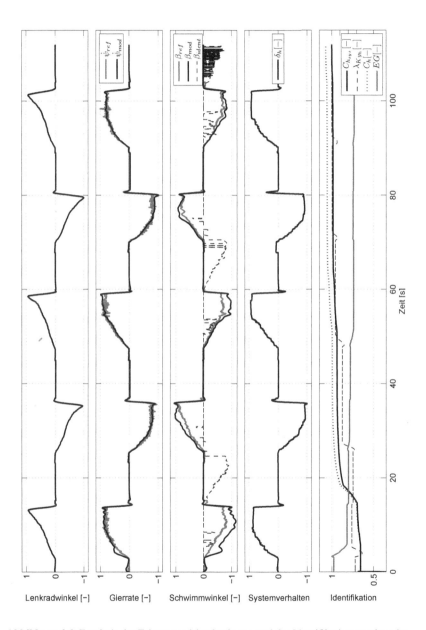

Abbildung 6.6: Ergebnis der Fahrzustandsbeobachtung und der Identifikationsroutinen im Manöver Lenkwinkelrampe mit Sommerreifen und aktivierter Hinterachslenkung

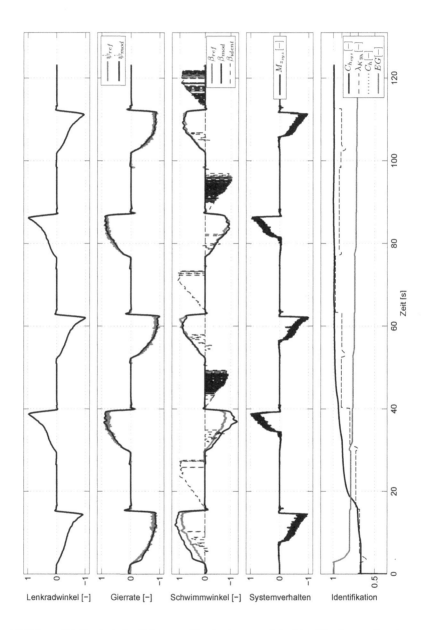

Abbildung 6.7: Ergebnis der Fahrzustandsbeobachtung und der Identifikationsroutinen im
Manöver Lenkwinkelrampe mit Sommerreifen und Aktivem Bremsendifferenzial

Ähnliches wie für das ABD gilt auch für die geregelte Quersperre (gQS). In den hier betrachteten Manövern ist ihr Einfluss minimal. Daher ist die Identifikation mit und ohne Berücksichtigung des Regelsystemeinflusses gleich. Es zeigt sich aber, dass in den ruckartigen Rücklenkphasen mitunter hohe Sperr- und damit erzeugte Giermomente auftreten. Das Fahrzustandsbeobachtermodell stellt dies robust dar. Für die Rundstreckenfahrt sind alle Systeme (HAL, ABD, gQS und auch ALR) aktiviert. Die Messdaten beginnen in einer Kurve bei hoher Fahrgeschwindigkeit, sodass der Fahrzustandsbeobachter die Zustände nicht gut schätzen kann. Die Gierrate ist für den linearen Bereich bei ca. 25 s plausibel. Dies wird im weiteren Verlauf durch das bei ca. 35 s weitestgehend abgeschlossene Einlernen des EG gestützt. Daten für den nichtlineare Bereich liegen nach dem Auftreten der hohen Gierrate bei ca. 40 s vor. Erst ab dort trifft der Fahrzustandsbeobachter das Referenzsignal. Der Schwimmwinkel kann zu Anfang überhaupt nicht plausibel ausgegeben werden. Durch den niedrigen Startwert der Schräglaufsteifigkeit der Hinterachse greift im Modell häufig die Stabilitätserhaltung nach Abschnitt 4.2.4. Anschließend ist der ausgegebene Schwimmwinkel deutlich zu groß. Durch die selten auswertbaren Manöver dauert die Anpassung des Schwimmwinkels entsprechend lange. Erst ab ca. 100 s ist der berechnete Schwimmwinkel plausibel. Bei 145 s tritt eine Fehlschätzung des Schwimmwinkels β_{ref} durch die Referenzmesstechnik auf, da dieser abrupt während einer Kurvenfahrt einbricht. Die geschätzte Schräglaufsteifigkeit liegt leicht niedriger als die in den synthetischen Manövern ermittelte. Durch die Übereinstimmung mit der Referenzmesstechnik ist diese aber durchaus plausibel.

Das vierte Diagramm *Systemverhalten* zeigt das von Systemen erzeugte Giermoment und den Hinterachslenkwinkel. Zwecks Darstellung in einem Diagramm und aufgrund der unterschiedlichen Dimensionen wurde der Hinterachslenkwinkel mit dem Faktor 4500 skaliert.

6.3 Ansteuerung mechatronischer Fahrwerksysteme auf Basis des vorgestellten Konzepts

Wie in Unterabschnitt 3.2.1 beschrieben, werden die Fahrwerksysteme implizit über den FZB vernetzt. Dieser Abschnitt zeigt die Ergebnisse der Umsetzung der in Unterabschnitt 3.2.2 dargelegten, systembezogenen Vernetzungsansätze.

Konkret werden in dieser Arbeit drei Fahrwerksysteme in das Vernetzungskonzept eingearbeitet: Die Hinterachslenkung, der Allradantrieb und die Dämpferregelung.

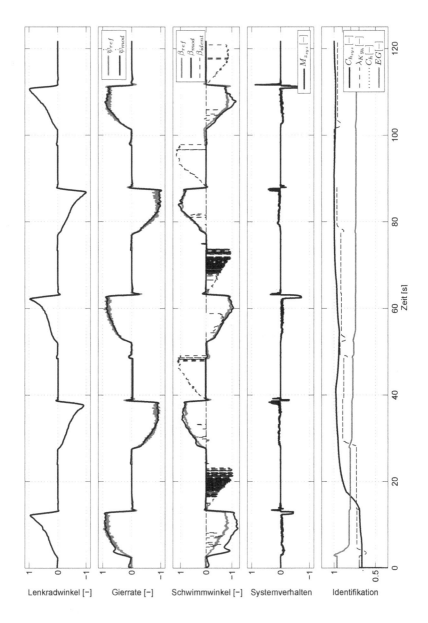

Abbildung 6.8: Ergebnis der Fahrzustandsbeobachtung und der Identifikationsroutinen im Manöver Lenkwinkelrampe mit Sommerreifen und geregelter Quersperre

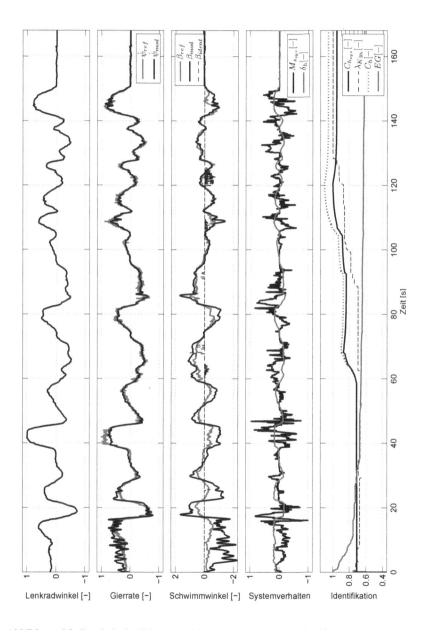

Abbildung 6.9: Ergebnis der Fahrzustandsbeobachtung und der Identifikationsroutinen bei einer Rundstreckenfahrt mit Sommerreifen und allen Systemen aktiviert

Die Unterkapitel gehen auf die Größen ein, die zwischen Fahrzustandsbeobachter und Systemen ausgetauscht werden und zeigen auf, wie die Systeme diese verwenden.

6.3.1 Ansteuerung Hinterachslenkung

Die Funktionsweise und der Aufbau des Porsche Hinterachslenkungsreglers sind in [64] dargelegt. Es kommen ein Zielfahrzeugmodell und ein Referenzfahrzeugmodell zum Einsatz. Das Zielfahrzeugmodell definiert, wie sich das Fahrzeug verhalten soll, während das inverse Referenzfahrzeugmodell das reale Fahrzeug repräsentiert und über den zusätzlichen Freiheitsgrad δ_r die Differenz zwischen Ziel- und Ist-Zustand ausgleicht. Das Verhalten des Reglers wird durch die Parametrisierung der

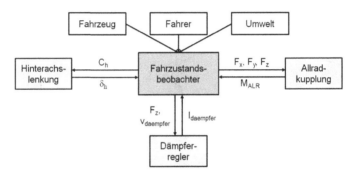

Abbildung 6.10: Austausch von Signalen zwischen Fahrzustandsbeobachter und Hinterachslenkung

beiden Fahrzeugmodelle bestimmt. Dabei müssen in der Abstimmung des Reglers Kompromisse eingegangen werden, da unterschiedliche Fahrzeugkonfigurationen mit einer festen Parametrierung des Reglers abgedeckt werden müssen.

Die maßgeblich mit einer HAL beeinflussbare Zustandsgröße ist der Schwimmwinkel β. Der stationäre Schwimmwinkelbedarf wird von der Schräglaufsteifigkeit der Hinterachse festgelegt. Stehen für ein Fahrzeug zugelassene Reifen unterschiedlicher Schräglaufsteifigkeiten zur Verfügung oder ändert sich diese während des Betriebs, kann der Schwimmwinkelbedarf nicht gezielt eingestellt werden. Eine deutliche Reduktion des Schwimmwinkels wird zwar von den meisten Fahrern erwünscht [99], da so der Stabilitätseindruck erhöht werden kann [8], [57], eine vollständige Kompensation wird jedoch nicht als zielführend angesehen [81], [18].

Daher wird bei der Reglerabstimmung davon ausgegangen, dass auf dem Fahrzeug an der Hinterachse Reifen mit hoher Schräglaufsteifigkeit montiert sind. Anhand des resultierenden kleinen Schwimmwinkelbedarfs wird der maximale Lenkwinkel der HAL festgelegt, ohne den Schwimmwinkel zu kompensieren. Wird das Fahrzeug jedoch mit Reifen, die über eine niedrigere Schräglaufsteifigkeit verfügen, z.B. Winterreifen ausgestattet, sinkt die Verstärkung der Schräglaufsteifigkeit $C_{h_{ziel}}/C_{h_{ref}}$ deutlich, da der Hinterachslenkwinkel bei gleichem Fahrzustand immer gleich bleibt. Dieser Sachverhalt wird in Abbildung 6.11 illustriert. Durch

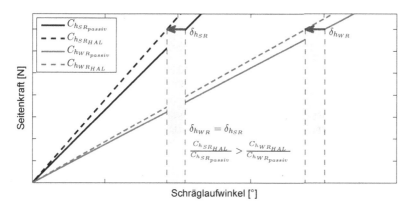

Abbildung 6.11: Verstärkung der Schräglaufsteifigkeit der Hinterachse mit festem Hinterachslenkungs-Regler (lineare Betrachtung)

die physikalische Modellierung des Reglers und die kohärente Struktur mit den Entwicklungswerkzeugen kann der Regler eine Information über die tatsächlich am Fahrzeug vorhandene Schräglaufsteifigkeit der Hinterachse verwenden. Der Fahrzustandsbeobachter muss der HAL also die Schräglaufsteifigkeit der Hinterachse (vgl. Unterabschnitt 4.2.3) mitteilen. Somit kann diese während der Fahrt online im Referenzfahrzeugmodell des HAL-Reglers aktualisiert werden. Es kann gezielt auf die geänderten Fahrzeugbedingungen reagiert werden und z.B. eine konstante Schwimmwinkelbedarfskurve eingestellt werden. Abbildung 6.12 zeigt die Schwimmwinkelbedarfskurven für Fahrzeugvarianten mit Sommer- und Winterreifen und mit und ohne Hinterachslenkung. Ebenfalls eingezeichnet ist der Bereich möglicher Zieldefinitionen für Reifenvarianten, die nicht die im Referenzmodell des Reglers angenommene Schräglaufsteifigkeit haben. Hier wurde die absolute Schräglaufsteifigkeit der Hinterachse im Zielmodell unverändert gelassen, es ändert sich lediglich das Referenzmodell. Das resultierende Fahrverhalten wird in Abschnitt 6.3.1 untersucht.

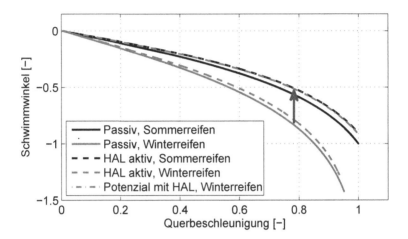

Abbildung 6.12: Möglichkeiten der Schwimmwinkelreduktion für Fahrzeugvarianten mit verschiedenen Schräglaufsteifigkeiten der Hinterachse

Ergebnisse

Das stationäre Verhalten wird anhand des Manövers Lenkwinkelrampe bei 100 km/h und das dynamische Verhalten durch eine Frequenzgangmessung ebenfalls bei 100 km/h bewertet. Um die Schräglaufsteifigkeit der Hinterachse signifikant variieren zu können, werden Winterreifen aufgezogen. Die Fahrzeugvarianten sind:

- 1) SR_HAL_REF - Fahrzeug mit Sommerreifen ausgerüstet, Hinterachslenkung arbeitet mit Referenz-Parametrierung.

- 2) WR_HAL_REF - Fahrzeug mit Winterreifen ausgerüstet, Hinterachslenkung arbeitet mit Referenz-Parametrierung.

- 3) WR_HAL_FZB - Fahrzeug mit Winterreifen ausgerüstet, Hinterachslenkung arbeitet mit durch den FZB adaptierter Parametrierung.

Abbildung 6.13 zeigt die Veränderung von Lenk- und Schwimmwinkelbedarf. Der Schwimmwinkel kann auch mit den Winterreifen über weite Bereiche der Querbeschleunigung auf Niveau des Referenzverlaufs gehalten werden. Virtuell wurde die Schräglaufsteifigkeit der Hinterachse auf Sommerreifenniveau erhöht. Anschließend kündigt sich der niedrigere maximale Kraftschluss durch einen erhöhten Schwimmwinkelgradienten an. Diese Information sollte dem Fahrer nicht vorenthalten werden. Der Lenkwinkelbedarf nimmt durch den größeren Lenkwinkel der

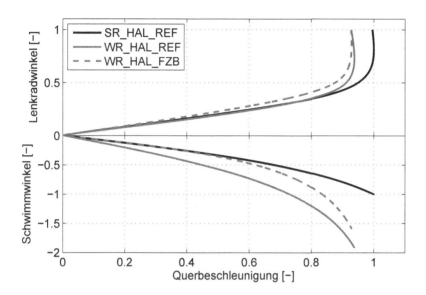

Abbildung 6.13: Stationäres Fahrzeugverhalten mit an die identifizierte Hinterachsschräg-laufsteifigkeit adaptierter Hinterachslenkung

HAL zu, das Fahrzeug wird indirekter. Dieser unerwünschte Effekt kann durch Anpassungen bei der Reifenentwicklung, eine variable Lenkübersetzung an der Vorderachse oder die Definition des Zielverhaltens des HAL-Reglers minimiert bzw. unterbunden werden.

Im dynamischen Verhalten zeigt sich, dass die Gierverstärkung im niedrigen Frequenzbereich auf das Referenzniveau gesenkt wird (vgl. Abbildung 6.14). Dies ist auf die virtuell erhöhte Steifigkeit der Hinterachse und die dadurch reduzierte Schwimmwinkelverstärkung zurückzuführen ($a_y = v\dot{\psi} + v\dot{\beta}$). Die Verläufe von Gierverstärkung und -phase weisen auf eine niedrigere Gierdämpfung und erhöhte Giereigenfrequenz hin, was dem Ansprechverhalten des Fahrzeugs zugutekommt.

Die Übertragungsfunktion zwischen Gierrate und Querbeschleunigung lässt Rückschlüsse auf das Antwortverhalten der Hinterachse zu. An der Verstärkung ist erneut der Effekt der größeren Schwimmwinkelgeschwindigkeit von Variante 2 zu sehen. Besonders der signifikant gesenkte Phasenverzug zwischen Gierrate und Querbeschleunigung, der im niedrigen Frequenzbereich auf Niveau von Variante 1 liegt, zeigt das schnellere Ansprechen der Hinterachse bei Variante 3.

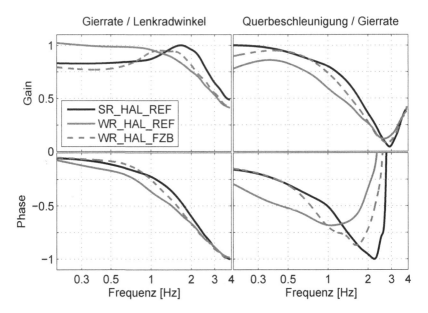

Abbildung 6.14: Dynamisches Fahrzeugverhalten mit an die identifizierte Hinterachs-schräglaufsteifigkeit adaptierter Hinterachslenkung

Das ermittelte Fahrverhalten mit adaptierter HAL wirkt sich für den Fahrer in größerer Fahrzeugpräzision und Stabilität aus. Dies konnte auch im subjektiv bewerteten Fahrversuch mit Experten- und Normalfahrern bestätigt werden.

Für zukünftige Entwicklungen sollte auch die Identifikation und Online-Bedatung der Einlauflängen der Reifen in Querrichtung in Betracht gezogen werden. So kann das Fahrverhalten in dynamischen Fahrsituationen gezielt durch die Hinterachslenkung beeinflusst werden. Ein Winterreifen benötigt z.B. mehr Zeit, um die stationäre Kraft abzugeben. Dadurch verschlechtert sich das Ansprechverhalten bzw. der Aufbau der Querbeschleunigung nach einer Lenkradwinkeleingabe. Durch Änderung der Einlauflänge im HAL-Regler kann der Zeitverzug der HAL und damit des Kraftaufbaus reduziert werden. Dieser Aspekt wird in dieser Arbeit allerdings nicht betrachtet.

6.3.2 Ansteuerung des Allrad-Systems

Nachdem mit der HAL ein System Informationen vom Identifikationsteil des FZB nutzt, wird mit dem variablen Allradantrieb die Nutzung von Größen, die vom Fahrdynamikmodell des FZB berechnet werden, aufgezeigt.

Der Algorithmus zur Berechnung des Sperrmoments der Allradkupplung wird stark an den in [6] beschriebenen angelehnt. Dabei wird ein Korridor aus dem Antriebsmoment, das minimal an der Vorderachse abgesetzt werden muss, um eine Überlastung der Hinterachse zu vermeiden, und dem Antriebsmoment, das maximal an der Vorderachse abgesetzt werden kann, um eine Überlastung dieser zu verhindern, gebildet. Im Fahrzustandsbeobachter wird nach 4.9 und 4.13 die Kraftschlussausnutzung der Reifen berechnet. Diese geht zusammen mit den berechneten Radlasten und dem Antriebsmoment in die Berechnung des Sperrmoments in Anlehnung an [6] ein. Weiterhin werden die im FZB erzeugten Über- und Untersteuersignale (vgl. Unterabschnitt 4.3.3) dazu herangezogen, das Sperrmoment in Situationen zu bestimmen, in denen die Kräfte an den Rädern nicht plausibel vom FZB berechnet werden können, was der Strategie gemäß Unterabschnitt 3.2.3 entspricht. Bei erkanntem Übersteuern wird das maximale Antriebsmoment von der Vorderachse gefordert. Die Begrenzung erfolgt dann durch das von der Allradkupplung maximal übertragbare Moment. Im Fall des Untersteuerns wird das minimale Moment an der Vorderachse abgesetzt.

Abbildung 6.15 zeigt das von der Allradkupplung geforderte Sperrmoment bei einer Rundstreckenfahrt. Als Referenz dient der Serienstand des verwendeten Fahrzeugs. Es ist zu sehen, dass dieser einfache Ansatz bereits nahe an den Serienstand kommt. Die Regelalgorithmen der Fahrwerksysteme können im aufgezeigten Vernetzungskonzept also einfach gestaltet werden, da die Komplexität im Fahrzustandsbeobachter konzentriert ist.

6.3.3 Ansteuerung Dämpferregler

Der Dämpferregler erhält vom Fahrzustandsbeobachter Informationen über die aktuelle Aufbaubewegung und die Radlasten. Umgekehrt stellt er die Stellgröße $I_{daempfer}$ zur Verfügung, die Aufschluss über die momentane Bestromung der Dämpferventile gibt. Daraus kann die Dämpfercharakteristik abgeleitet werden. Durch diese Vernetzung werden modellbasierte Dämpferreglerkonzepte möglich. [91] und [111] beschreiben Konzepte, bei denen zwischen fahrerinduzierter (Fahrdynamik) und fahrbahninduzierter (Fahrkomfort) Anregung unterschieden wird. Da

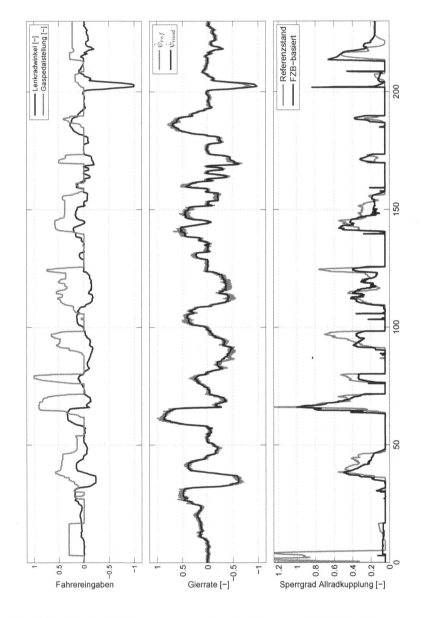

Abbildung 6.15: Ergebnis der Ansteuerung der Allradkupplung auf Basis des Fahrzustandsbeobachters mit [6]

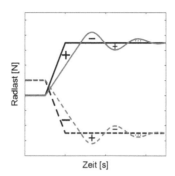

Abbildung 6.16: Ziele des MiniMax-Dämpferreglerkonzepts nach [72]

das FZB-Modell stets auf ebener Fahrbahn simuliert wird, eignen sich solche Dämp-
ferregleransätze ideal zur Integration in das vorgestellte Vernetzungskonzept.

In dieser Arbeit wird die Vernetzung des FZB mit dem in [72] vorgestellten
MiniMax-Regler zur Bremswegverkürzung in Notbremssituationen dargestellt.
Dabei ist es das Ziel, die dynamischen Radlasten an die aufbauinduzierten Radlas-
ten anzugleichen (vgl. Abbildung 6.16). Es wird eine Führungsgröße berechnet,
die entweder eine Radlasterhöhung oder -erniedrigung fordert. Abhängig von der
Einfedergeschwindigkeit wird der Dämpfer jeweils auf größt- bzw. kleinstmögliche
Dämpfung eingestellt. Abbildung 6.17 zeigt den Zeitverlauf einer Anbremsphase
($100\,km/h - 80\,km/h$) für ausgewählte Signale. Durch Berechnung der Radlast im
Fahrzustandsbeobachter sind mit diesem Konzept automatisch auch unterschiedliche Fahrzeugkonfigurationen (bspw. Massengeometrie) abgedeckt.

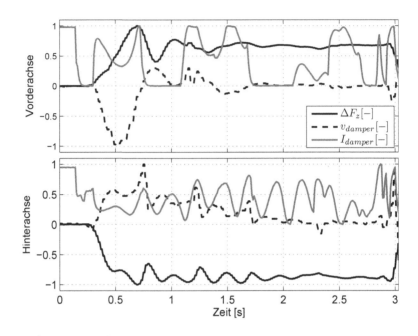

Abbildung 6.17: Signalverläufe bei Bremsung

7 Zusammenfassung und Ausblick

Die Zahl der im Fahrwerk verfügbaren aktiven Systeme scheint ein Maximum erreicht zu haben. In modernen Kraftfahrzeugen sind wesentliche Elemente des Fahrwerks durch mechatronische Systeme zu beeinflussen. Sie ermöglichen es, das Fahrzeug gemäß des vom Fahrzeughersteller erwünschten Fahrzeugcharakters auf die jeweilige Fahrsituation anzupassen. Zusammen mit sich überschneidenden Wirkbereichen der Systeme impliziert ihre hohe Anzahl sowohl eine große Komplexität im Entwicklungsprozess als auch nicht vollständig ausgenutzte fahrdynamische Potenziale durch mangelnde Kommunikation der Systeme untereinander.

Ziel dieser Arbeit ist die Entwicklung eines ganzheitlichen Vernetzungskonzepts für Fahrwerksysteme für Fahrzeuge, die ein sportliches Fahrverhalten besitzen. Das entwickelte Vernetzungskonzept, das einen zentralen, modellbasierten Fahrzustandsbeobachter vorsieht, adressiert die genannten Herausforderungen und legt besonderen Wert auf die optimale Integration in Entwicklungsinfrastrukturen.

Kapitel 2 legt die relevanten Grundlagen der Fahrdynamik und Modellierung dar. Der Schwerpunkt wird mit dem Einspurmodell auf die Querdynamik und die Reifenmodellierung nach Pacejka gelegt. Der aktuelle Stand der Technik sieht den Wandel der mechatronischen Systeme im Fahrwerk von hydraulisch hin zu elektrisch aktuierten Systemen. Diese verfügen über immer leistungsfähigere Steuergeräte, die komplexe Regelalgorithmen zulassen. Die Entwicklung von Datennetzen, die große Datenmengen im Kfz sicher übertragen können, begünstigt die Vernetzung der Systeme, die aktuell als Friedliche bis Kooperative Koexistenz klassifiziert werden kann.

Um die Vernetzung ganzheitlich betrachten zu können, werden in Kapitel 3 die Anforderungen an die Vernetzung von Fahrwerksystemen erörtert. Besondere Bedeutung kommt der Frage zu, auf welchen Ebenen Vernetzung stattfinden kann. Daraus wird ein umfassendes Vernetzungskonzept abgeleitet, das auf die Besonderheiten sportlicher Fahrzeuge ausgerichtet ist und in vorhandene Entwicklungsinfrastrukturen integriert werden kann. Es sieht einen zentralen Fahrzustandsbeobachter vor, dessen struktureller Aufbau nach der Betrachtung verschiedener Ansätze zur Modellierung beschrieben wird.

Im Schwerpunkt der Arbeit wird das adaptive Modell zur Fahrzustandsbeobachtung ausführlich in Kapitel 4 vorgestellt. Die Aufteilung in einen Modellteil zur Echtzeit-Berechnung der fahrdynamischen Größen und einen Modellidentifikationsteil ermöglicht eine modulare Struktur, die den Gegebenheiten eines jeden

Fahrzeugprojekts angepasst werden kann. Der Fokus wird auf die Adaption des querdynamischen Fahrverhaltens gelegt. Dazu wird eine Methode zur Identifikation des Einspurmodells der Identifikation eines Zweispurmodells mit nach Pacejka modelliertem Reifenverhalten zugrunde gelegt.

Kapitel 5 geht speziell auf die querdynamische Identifikation unter dem Einfluss aktiver Fahrwerksysteme ein. Der variable Einfluss der Systeme wird auf Basis der im Fahrzeug verfügbaren Informationen bestimmt und bei der Online-Identifikation des Fahrzustandsbeobachtermodells berücksichtigt. Nur so kann eine korrekte Darstellung und Bewertung der Regelsystemeingriffe durch den Fahrzustandsbeobachter erfolgen.

In Kapitel 6 werden die Ergebnisse der Vernetzung präsentiert. Der Fahrzustandsbeobachter kann als Echtzeit-Modell aus vorhandenen Simulationsmodellen gleicher Struktur für alle Baureihen erzeugt werden. Umgekehrt sind Teile des Fahrzustandsbeobachters in die Entwicklungsinfrastruktur integriert, wodurch Prozessverbesserungen generiert werden. Die Funktion des FZB-Modells inklusive der Identifikation unter Fahrwerksystemeinfluss wird anhand von Zeitverläufen für verschiedene Manöver, Fahrzeugkonfigurationen und Startwerte nachgewiesen. Abschließend werden die Systeme PASM, ALR und HAL mit dem Vernetzungskonzept verbunden und aktiv beeinflusst. Durch diese Modifikationen entstehen Verbesserungsmöglichkeiten des Fahrverhaltens. Besonders die Hinterachslenkung kann zusätzliche fahrdynamische Potenziale durch die vorgestellte Vernetzung erschließen.

Der beschriebene Ansatz zur Vernetzung von Fahrwerksystemen zeichnet sich durch seine ganzheitliche Betrachtung von Entwicklungsprozessen und -werkzeugen aus. Die Integration des Fahrzustandsbeobachters in die Entwicklungsinfrastruktur eröffnet neue Möglichkeiten hinsichtlich Entwicklungseffizienz und -qualität. Aufgrund des Top-down Ansatzes ist generische Gültigkeit gegeben und die Grey-Box Strategie ermöglicht physikalisch interpretierbare Parameter. Der zentrale Fahrzustandsbeobachter vernetzt die Systeme im Fahrzeug implizit dadurch, dass er alle fahrdynamischen Effekte jedes Systems abbilden kann. Die den Systemen kommunizierten, auf Gesamtfahrzeugebene gehobenen Größen enthalten alle Informationen der relevanten Systeme, welche die jeweilige Größe beeinflussen. Somit sind allen angeschlossenen Systemen alle für sie relevanten Informationen der anderen Systeme bekannt. Die Struktur ermöglicht nicht nur in den Grenzen des Fahrzustandsbeobachters Modularität, sondern durch die dezentrale Organisation auch für die angehängten Systeme. Dies gilt sowohl für die Organisationsstruktur der Entwicklung wie auch für die Ausprägung im Fahrzeug.

Zur weiteren Verbesserung der Abbildungsgüte des Fahrzustandsbeobachters kann eine genauere Prädiktion der an den Rädern wirkenden Längskräfte beitragen. In Verbindung mit einem fein auflösenden Reibwertschätzer wäre so die längsdynamische Identifikation der Reifencharakteristik möglich. Auch die angeschlossenen Systeme können davon profitieren, wenn der Fahrzustandsbeobachter exakte Informationen nicht nur über den Reifenzustand, der bspw. durch Reifeninnendruck und -temperatur bedingt ist, sondern auch vorausschauend über Umweltbedingungen, erhält und verarbeitet. In aktuellen Forschungsprojekten werden diese bereits von Fahrzeugen, die beim Befahren einer Straße Zustände ermitteln und demnach als Sensoren fungieren, an einen Zentralrechner und / oder an andere Fahrzeuge weitergegeben. Unter Berücksichtigung von Gültigkeitsdauern können so Informationen präventiv im Fahrzeug verfügbar gemacht werden.

Literaturverzeichnis

[1]   AMMON, D. : *Modellbildung und Systementwicklung in der Fahrzeugdynamik*. Stuttgart : Teubner Verlag, 1997

[2]   BACHMANN, T. : *Literaturrecherche zum Reibwert zwischen Reifen und Fahrbahn*, Institut für Automatisierungstechnik, TU Darmstadt, Diss., 1996. – VDI-Verlag

[3]   BAE, H. ; RYU, J. ; GERDES, J. : Road grade and vehicle parameter estimation for longitudinal control using GPS. In: *Proceedings of the IEEE Conference on Intelligent Transportation Systems* IEEE, 2001

[4]   BAFFET, G. ; CHARARA, A. ; LECHNER, D. : Estimation of vehicle sideslip, tire force and wheel cornering stiffness. In: *Heudiasyc Laboratory, Université de Technologie de Compiègne, France* (2009)

[5]   BALANDAT, W. ; KUTSCHE, T. : Systemintegration der CDC-Dämpfung beim neuen Opel Astra. In: *Automotive Engineering Partners* 04 (2004)

[6]   BARTELS, H. ; PASCALI, L. ; MACK, G. ; HUNEKE, M. : *Method for distributing a requested torque*. United States Patent Application Publication, 06/2014. – US 2014/0172215 A1

[7]   BEIKER, S. : *Verbesserungsmöglichkeiten des Fahrverhaltens von Pkw durch zusammenwirkende Regelsysteme*, Gemeinsame Fakultät für Maschinenbau und Elektrotechnik der Technischen Universität Carolo-Wilhelmina zu Braunschweig, Diss., 1999

[8]   BERKEFELD, V. : Theoretische Untersuchungen zur Vierradlenkung - Stabilität und Manövrierbarkeit. In: *Fortschritte der Fahrzeugtechnik* Band Nr. 7 (1991)

[9]   BERKEFELD, V. ; JACOBI, S. : *Verfahren und Vorrichtung zur Minimierung des Seitenwindeinflusses auf das Fahrverhalten eines Fahrzeugs*. Deutsche Patentanmeldung, 06/1993. – DE 4127727C2

[10]   BOSSDORF-ZIMER, B. ; HENZE, R. ; FRÖMMIG, L. ; KÜCÜKAY, F. : Echtzeitfähige Reibwert- und Fahrzustandsschätzung. In: *15. Aachener Kolloquium Fahrzeug- und Motorentechnik* (2006)

[11] BÖRNER, M. : *Adaptive Querdynamikmodelle für Personenkraftfahrzeuge - Fahrzustandserkennung und Sensorfehlertoleranz*, Institut für Automatisierungstechnik, TU Darmstadt, Diss., 2004. – VDI-Verlag

[12] BOSSDORF-ZIMMER, B. : *Nichtlineare Fahrzustandsbeobachtung für die Echtzeitanwendung.*, Institut für Fahrzeugtechnik TU Braunschweig, Diss., 2007. – Shaker Verlag

[13] BREUER, B. ; BILL, K. : *Bremsenhandbuch - Grundlagen, Komponenten, Systeme, Fahrdynamik.* Wiesbaden : Vieweg & Sohn Verlag, 2006

[14] BREUER, W. : *Radmomentenregelung bei PKW*, TU München, Diss., 1995. – VDI-Verlag

[15] BURKERT, A. : Gefährliches Datenleck. In: *ATZ - Automobiltechnische Zeitschrift* 114 (2012), Nr. 4, S. 306–311. – ISSN 0001–2785

[16] CZICHOS, H. : *Mechatronik - Grundlagen und Anwendungen technischer Systeme.* Wiesbaden : Springer Fachmedien Wiesbaden, 2006

[17] DAISS, A. : *Beobachtung fahrdynamischer Zustände und Verbesserung einer ABS- und Fahrdynamikregelung*, Universität Karlsruhe, Diss., 1996. – VDI-Verlag

[18] DONGES, E. ; AUFHAMMER, R. ; FEHRER, P. ; SEIDENFUSS, T. : Funktion und Sicherheitskonzept der Aktiven Hinterachskinematik von BMW. In: *Fortschritte der Fahrzeugtechnik* Band Nr. 7 (1991)

[19] DR. ING. H.C. F. PORSCHE AG: *Technische Daten Porsche 911 Turbo Cabriolet.* `http://www.porsche.com/germany/models/911/911-turbo-cabriolet/featuresandspecs/`. Version: 2015, Abruf: 14.07.2015, 16:55 Uhr

[20] EINSLE, S. : *Analyse und Modellierung des Reifenübertragungsverhaltens bei transienten und extremen Fahrmanövern*, Technische Universität Dresden, Diss., 2010

[21] EISENBARTH, M. : *Entwicklung einer Methode zur optimalen Definition von Fahrwerksparametern mit Einfluss auf die Fahrzeugaufbaubewegung*, Lehrstuhl für Fahrzeugtechnik, Technische Universität München, Masterarbeit, 2011

[22] *Über die Typgenehmigung von Kraftfahrzeugen, Kraftfahrzeuganhängern und von Systemen, Bauteilen und selbstständigen technischen Einheiten für*

diese Fahrzeuge hinsichtlich ihrer allgemeinen Sicherheit. Amtsblatt der Europäischen Union, 2009. – EG-661/2009

[23] FUHR, F. : *Fahrdynamikregelung durch koordinierte Fahrwerksysteme,* Institut für Kraftfahrwesen Aachen, Diss., 2009. – Forschungsgesellschaft Kraftfahrwesen Aachen mbH (fka)

[24] GÄRTNER, A. ; SÄGER, M. : Simulationsumgebung zur Untersuchung aktiver Wankstabilisierung in Verbindung mit einer Fahrdynamikregelung. In: *Simulation in der Fahrzeugdynamik, Haus der Technik e.V.,* Essen (2003)

[25] GIES, S. : Vertikal-/Querdynamik von Kraftfahrzeugen. In: *Schriftenreihe Automobiltechnik* (2009)

[26] GÖRICH, H.-J. ; HARRER, M. ; REUTER, U. ; WAHL, G. : 50 years 911 - the perfectioning of the chassis. In: *chassis.tech plus* 4th International Munich Chassis Symposium 2013 (2013)

[27] GREGER, M. : *Auswirkungen einer variablen Momentenverteilung auf die Fahrdynamik,* Institut für Maschinen- und Fahrzeugtechnik - Lehrstuhl für Fahrzeugtechnik der Technischen Universität München, Diss., 2006

[28] GREUL, R. ; HASS, C. ; BERTRAM, T. : Fahrzustandsbeurteilung zur Koordination mechatronischer Systeme im Kraftfahrzeug. In: *VDI-Mechatroniktagung 2003 - Innovative Produktentwicklung; VDI-Berichte 1753* (2003)

[29] GRIP, H. F. ; IMSLAND, L. ; JOHANSEN, T. ; KALKKUHL, J. ; SUISSA, A. : Estimation of road inclination and bank angle in automotive vehicles. In: *American Control Conference, 2009. ACC'09.* IEEE, 2009, S. 426–432

[30] GRUPP, M. ; KRENN, M. ; VIELER, H. ; POPP, C. ; STROBL, S. : Integriertes Chassis Management und Fahrdynamik Control - Integrierte Fahrdynamikregelung. In: *ATZ - Automobiltechnische Zeitschrift, ATZextra* 13 (2008), Nr. 8, S. 108–112

[31] HAKEN, K.-L. : *Grundlagen der Kraftfahrzeugtechnik.* München / Wien : Hanser Verlag, 2008

[32] HALBE, I. : *Modellgestützte Sensorinformationsplattform für die Quer- und Längsdynamik von Kraftfahrzeugen - Anwendungen zur Fehlerdiagnose und Fehlertoleranz,* Institut für Automatisierungstechnik der TU Darmstadt, Diss., 2008. – VDI-Verlag

[33] HALFMANN, C. ; HOLZMANN, H. : *Adaptive Modelle für die Kraftfahrzeugdynamik*. Berlin / Heidelberg : Springer-Verlag, 2003

[34] HANTSCHEL, M. : *Entwicklung einer Methode zur Echtzeit-Schätzung der Straßentopologie für ein Kraftfahrzeug*, Technische Universität Ilmenau, Masterarbeit, 2014

[35] HÖCK, M. ; NETT, H.-P. : Gesteigerte Effizienz und Fahrdynamik durch ein adaptives Allradsystem. In: *ATZ - Automobiltechnische Zeitschrift* 113 (2011), Nr. 10, S. 768–773

[36] HEBDEN, R. G. ; EDWARDS, C. ; SPURGEON, S. K.: Automotive Steering Control in a Split-μ Manoeuvre Using an Observer-Based Sliding Mode Controller. In: *Vehicle System Dynamics, Vol. 41, No. 3, pp. 181-202* (2004)

[37] HEISSING, B. ; ERSOY, M. ; GIES, S. : *Fahrwerkhandbuch - Grundlagen, Fahrdynamik, Komponenten, Systeme, Mechatronik, Perspektiven*. 3. Aufl. Berlin / Heidelberg : Springer-Verlag, 2011

[38] HENZE, R. ; BOSSDORF-ZIMMER, B. : Fahrdynamiksimulation und - identifikation. In: *10. IfF-Tagung (Institut für Fahrzeugtechnik), Braunschweig* (2003)

[39] HEROLD, P. ; THALHAMMER, T. ; GIETL, S. : Die Integral Aktivlenkung - Das neue Lenksystem von BMW. In: *ATZ - Automobiltechnische Zeitschrift, ATZextra* 13 (2008), Nr. 8, S. 104–107

[40] HERRMANN, T. ; JOKIC, M. ; LÜDERS, U. ; DUIS, H. ; ENDRESS, R. : *Regelschaltung zum Regeln der Fahrstabilität eines Fahrzeugs anhand eines Fahrzeugreferenzmodells*. Deutsche Patentanmeldung, 05/2001. – DE 1089901B1

[41] ISERMANN, R. : Theoretische Modellbildung dynamischer Systeme. In: *Workshop Rechnergestützte Modellbildung dynamischer Systeme* (1997)

[42] ISERMANN, R. : *Fahrdynamik-Regelung - Modellbildung, Fahrerassistenzsysteme, Mechatronik*. Berlin / Heidelberg : Springer-Verlag, 2006

[43] ISERMANN, R. : *Fault-Diagnosis Systems - An Introduction from Fault Detection to Fault Tolerance*. Berlin / Heidelberg : Springer-Verlag, 2006

[44] ISERMANN, R. : *Identifikation dynamischer Systeme: Grundlegende Methoden*. Berlin / Heidelberg : Springer-Verlag, 1992

[45] *Road vehicles - Controller Area Network (CAN)*. Norm der Internationalen Organisation für Normung, 2003. – ISO 11898

[46] *Road vehicles - Lateral transient response test methods - Open-loop test methods.* Norm der Internationalen Organisation für Normung, 2011. – ISO 7401

[47] *Straßenfahrzeuge, Fahrzeugdynamik und Fahrverhalten.* Internationale Norm, 2013. – ISO 8855

[48] ITA, H. ; YABUTA, K. : *Procedure to steer a wheeled vehicle.* Deutsche Patentanmeldung. www.google.com/patents/DE3124821A1?cl= en. Version: 03 1982. – DE 3124821 A1

[49] JOHANSEN, T. : *Operating Regime based Process Modeling and Identification*, Norwegian Institute of Technology, Trondheim, Norway, Diss., 1994

[50] KAKALIS, L. ; ZORZUTTI, A. ; CHELI, F. ; TRAVAGLIO, G. : Brake Based Torque Vectoring for Sport Vehicle Performance Improvement. In: *SAE* (2008). – 2008-01-0596

[51] KAWASHIMA, K. ; UCHIDA, T. ; OH, S. ; HORI, Y. : Robust Bank Angle Estimation for Rolling Stability Control on Electric Vehicle. In: *11th IEEE International Workshop on Advanced Motion Control* IEEE, 2010

[52] KIENCKE, U. ; NIELSEN, L. : *Automotive Control Systems - For Engine, Driveline, and Vehicle.* 2. Aufl. Berlin / Heidelberg : Springer-Verlag, 2005

[53] KISTLER-AUTOMOTIVE GMBH: *CORREVIT S-350.* http: //www.corrsys-datron.com/Support/Data_Sheets/CS350A_ 000-807d.pdf. Version: 2014, Abruf: 14.11.2014, 17:01 Uhr

[54] KLAUSSNER, S. : *EXAKTER TITEL*, Institut für Verbrennungsmotoren und Kraftfahrzeuge, Universität Stuttgart, Masterarbeit, 2014

[55] KOBER, W. ; EHMANN, M. ; BUTZ, T. : Simulationsgestützte Entwicklung einer integrierten Fahrdynamikregelung. In: *ATZ - Automobiltechnische Zeitschrift* 109 (2007), Nr. 10, S. 920–925

[56] KOBETZ, C. : *Modellbasierte Fahrdynamikanalyse durch ein an Fahrmanövern parameteridentifiziertes querdynamisches Simulationsmodell*, TU Wien, Diss., 2003. – Shaker Verlag

[57] KRAFT, C. : *Gezielte Variation und Analyse des Fahrzeugverhaltens von Kraftfahrzeugen mittels elektrischer Linearaktuatoren im Fahrwerksbereich*, Institut für Fahrzeugsystemtechnik, Karlsruher Institut für Technologie, Diss., 2011. – KIT Scientific Publishing

[58] KRANTZ, W. : *Erstellung eines Lenkungsmodells und Implementierung auf einem Echtzeit-Simulationsprüfstand*, Institut für Verbrennungsmotoren und Kraftfahrwesen der Universität Stuttgart, Diplomarbeit, 1998

[59] KRAUS, M. : Elektromechanische Aktuatorik - Potenziale für Hinterachskinematik. In: *ATZ - Automobiltechnische Zeitschrift* 111 (2009), Nr. 9, S. 636–642

[60] KRIMMEL, H. ; DEISS, H. ; RUNGE, W. ; SCHÜRR, H. : Elektronische Vernetzung von Antriebsstrang und Fahrwerk. In: *ATZ - Automobiltechnische Zeitschrift* 108 (2006), Nr. 5, S. 368–375

[61] LAUMANNS, N. : *Integrale Reglerstruktur zur effektiven Abstimmung von Fahrdynamiksystemen*, Institut für Kraftfahrwesen Aachen, Diss., 2007. – Forschungsgesellschaft Kraftfahrwesen Aachen mbH (fka)

[62] LJUNG, L. : *System identification: theory for the user*. 2. ed., 9th print. Upper Saddle River, NJ [u.a.] : Prentice-Hall, 2006

[63] LOOSE, H. : *Dreidimensionale Straßenmodelle für Fahrerassistenzsysteme auf Landstraßen*, Karlsruher Institut für Technologie, Diss., 2012. – KIT Scientific Publishing

[64] LUNKEIT, D. ; WEICHERT, J. : Performance-oriented realization of a rear wheel steering system for the Porsche 911 Turbo. In: *chassis.tech plus* 4th International Munich Chassis Symposium 2013 (2013)

[65] LUNZE, J. : *Regelungstechnik 2: Mehrgrößensysteme, Digitale Regelung*. Berlin, Heidelberg : Springer Berlin Heidelberg, 2010. – ISBN 978–3–642–10197–7 (Druckausgabe)

[66] LUNZE, J. : *Regelungstechnik 1: Systemtheoretische Grundlagen, Analyse und Entwurf einschleifiger Regelungen*. 10., aktualisierte Aufl. 2014. Berlin, Heidelberg : Springer Vieweg, 2014. – ISBN 978–3–642–53908–4 (Druckausgabe)

[67] MAO, Y. ; KARIDA, J. ; ARNDT, C. ; LAKEHAL-AYAT, M. ; GRAAF, R. ; HOFMANN, O. : Beobachtung von Fahrzeugzuständen der Querdynamik mit integrierter Reibwertschätzung. In: *ATZ - Automobiltechnische Zeitschrift* 109 (2007), Nr. 5, S. 450–455

[68] MAYER, K.-H. : *Ermittlung realer Zugkraftverteilung an Allradfahrzeugen unter Berücksichtigung unterschiedlicher Antriebssysteme und Reifeneigenschaften*, Fachhochschule Ulm, Diplomarbeit, 1986

[69] MELJNIKOV, D. : *Entwicklung von Modellen zur Bewertung des Fahrver-haltens von Kraftfahrzeugen*, Universität Stuttgart, Institut A für Mechanik, Diss., 2003

[70] MITSCHKE, M. : *Dynamik der Kraftfahrzeuge*. 4. Aufl. Berlin / Heidelberg : Springer-Verlag, 2004

[71] NERBRÅTEN, S. : *Vehicle velocity estimation on non-flat roads*. 2007

[72] NIEMZ, T. : *Reducing Braking Distance by Control of Semi-Active Suspension*, Technische Universität Darmstadt, Diss., 2006

[73] NYENHUIS, M. ; FRÖHLICH, M. : Das Verstelldämpfersystem des BMW X5 - Entwicklung des Sensor- und Beobachterkonzepts. In: *ATZ - Automobiltechnische Zeitschrift* 109 (2007), Nr. 3, S. 248–255

[74] OXFORD TECHNICAL SOLUTIONS LTD.: *OxTS RT3000*. http://www.oxts.com/Downloads/Products/RT3000/RT3000_DE.pdf. Version: 2014, Abruf: 14.11.2014, 17:27 Uhr

[75] PACEJKA, H. B.: *Tyre and Vehicle Dynamics*. Second Edition. Oxford : Butterworth-Heinemann, 2006

[76] PLANKSTEINER, M. : Zeitgesteuertes Ethernet: Migrationspfade ins Automobil. In: *ATZelektronik 6* (2011)

[77] PORSCHE ENGINEERING GROUP GMBH: *Nardó Technical Center - Handling Track*. http://www.porscheengineering.com/nardo/en/services/testing/testtracksandfacilities/handlingtrack/. Version: 2015, Abruf: 14.07.2015, 14:25 Uhr

[78] PRUCKNER, A. : *Nichtlineare Fahrzustandsbeobachtung und -regelung einer PKW-Hinterradlenkung*, Institut für Kraftfahrwesen Aachen, Diss., 2001. – Forschungsgesellschaft Kraftfahrwesen Aachen mbH (fka)

[79] RAU, M. : *Koordination aktiver Fahrwerk-Regelsysteme zur Beeinflussung der Querdynamik mittels Verspannungslenkung*, Institut für Flugmechanik und Flugregelung der Universität Stuttgart, Diss., 2007

[80] RAUSCH, M. : FlexRay: Grundlagen, Funktionsweise, Anwendung. (2007)

[81] REDLICH, P. : *Objektive und subjektive Beurteilung aktiver Vierradlenkstrategien*, Technische Universität Aachen, Diss., 1994. – Shaker-Verlag

[82] REIF, K. : Bosch Autoelektrik und Autoelektronik: Bordnetze, Sensoren und elektronische Systeme. (2011)

[83] REIF, K. : *Automobilelektronik - Eine Einführung für Ingenieure*. Wiesbaden : Springer Fachmedien Wiesbaden, 2014

[84] REIF, K. ; RENNER, K. ; SAEGER, M. : Fahrzustandsschätzung auf Basis eines nichtlinearen Zweispurmodells. In: *ATZ - Automobiltechnische Zeitschrift* 109 (2007), Nr. 7-8, S. 682–687

[85] REUL, M.-A. : *Bremswegverkürzungspotential bei Informationsaustausch und Koordination zwischen semiaktiver Dämpfung und ABS*, Technische Universität Darmstadt, Diss., 2011. – VDI-Verlag

[86] RICHTER, B. : *Schwerpunkte der Fahrzeugdynamik - Fahrzeugschwingungen, Kurshaltung, Vierradlenkung, Allradantrieb*. Köln : Verlag TÜV Rheinland, 1990

[87] RIEKERT, P. ; SCHUNCK, T. E.: *Zur Fahrmechanik des gummibereiften Kraftfahrzeugs - Bericht aus d. Forschungsinst. f. Kraftfahrwesen u. Fahrzeugmotoren an d. Techn. Hochsch. Stuttgart*. Wirtschaftsgr. Fahrzeugindustrie, 1940

[88] ROLL, T. : *Bewertung der Unterschiede von Datennetzen für Fahrwerkregelsysteme*, Universität Stuttgart, Institut für Verbrennungsmotoren und Kraftfahrwesen, Studienarbeit, 2012

[89] RUHMANN, M. : *Entwicklung einer Methode zur Identifizierung der Schräglaufsteifigkeiten*, Technische Universität Berlin, ILS - Fahrzeugtechnik, Masterarbeit, 2013

[90] RYU, J. ; GERDES, J. : Estimation of Vehicle Roll and Road Bank Anlge. In: *American Control Conference* (2004)

[91] SCHEURICH, B. : *Regelprinzipien einer semi-aktiven Dämpferregelung*, Karlsruher Institut für Technologie, Diplomarbeit, 2011

[92] SCHIESCHKE, R. : RALPHS - Ein effizientes Rechenmodell zur Ermittlung von Reifenkräften auf physikalischer Basis. In: *Automobil-Industrie* 04 (1986)

[93] SCHINDLER, E. : *Fahrdynamik - Grundlagen des Lenkverhaltens und ihre Anwendung für Fahrwerkregelsysteme*. Renningen : Expert Verlag, 2007

[94] SCHLÖSSER, C. : *Bewertung des Einflusses von Fahrwerksystemen*, Institut für Antriebs- und Fahrzeugtechnik, Universität Kassel, Diplomarbeit, 2014

[95] SCHWARZ, R. ; RIETH, P. : Global Chassis Control - Systemvernetzung im Fahrwerk. In: *at-Automatisierungstechnik 51, Oldenbourg Verlag* (2003)

[96] SCHWARZ, R. : *Rekonstruktion der Bremskraft bei Fahrzeugen mit elektrome-chanisch betätigten Radbremsen*, TU Darmstadt, Diss., 1999. – VDI-Verlag

[97] SEBSADJI, Y. ; GLASER, S. ; MAMMAR, S. ; NETTO, M. : Vehicle Roll and Road Bank Angles Estimation. In: *17th World Congress of the International Federation of Automatic Control* (2008)

[98] SHIBAHATA, Y. ; SHIMADA, K. ; TOMARI, T. : The Improvement of Vehicle Manoeuvrability by Direct Yaw-Moment Control. In: *Proceedings of the International Symposium on Advanced Vehicle Control* (1992)

[99] SUGASAWA, F. ; IRIE, N. ; KUROKI, J. : Development of Simulator-Vehicle for Conducting Vehicle Dynamics Research. In: *JSAE Review* Vol. 11, No2 AA-19 (1990)

[100] TNO: *MF-Tyre User Manual Version 5.2.* User Manual MSC ADAMS - Using ADAMS/Tire, 2001

[101] TRÄCHTLER, A. : Integrierte Fahrdynamikregelung mit ESP, aktiver Lenkung und aktivem Fahrwerk. In: *at - Automatisierungstechnik 53, Oldenbourg Verlag* (2003)

[102] TRZESNIOWSKI, M. : *Rennwagentechnik - Grundlagen, Konstruktion, Komponenten, Systeme.* Wiesbaden : Vieweg+Teubner Verlag, 2008

[103] UNBEHAUEN, H. : *Regelungstechnik III - Identifikation, Adaption, Optimierung.* 7. Aufl. Wiesbaden : Vieweg+Teubner Verlag, 2011

[104] UNGOREN, A. Y. ; PENG, H. ; TSENG, H. E.: A study on lateral speed estimation methods. In: *Int. J. Vehicle Autonomous Systems, Vol. 2, Nos. 1/2* (2004)

[105] VAHIDI, A. ; STEFANOPOULOU, A. ; PENG, H. : Recursive least squares with forgetting for online estimation of vehicle mass and road grade: theory and experiments. In: *Vehicle System Dynamics* 43 (2005), Nr. 1, S. 31–55. http://dx.doi.org/10.1080/00423110412331290446. – DOI 10.1080/00423110412331290446

[106] VON VIETINGHOFF, A. : *Nichtlineare Regelung von Kraftfahrzeugen in querdynamisch kritischen Fahrsituationen*, Universität Karlsruhe Universitätsbibliothek, Diss., 2008. – Universitätsverlag Karlsruhe

[107] WALLENTOWITZ, H. ; REIF, K. : *Handbuch Kraftfahrzeugelektronik - Grundlagen, Komponenten, Systeme, Anwendungen.* Wiesbaden : Vieweg & Sohn Verlag | GWV Fachverlage, 2006

[108] WALLENTOWITZ, H. ; REIF, K. : *Bosch Autoelektrik und Autoelektronik - Bordnetze, Sensoren und elektronische Systeme*. Wiesbaden : Vieweg + Teubner Verlag / Springer Fachmedien, 2011

[109] WESEMEIER, D. : *Modellbasierte Methoden zur Schätzung nicht messbarer Grössen der Fahrzeugquerdynamik und des Reifenluftdrucks*, Institut für Automatisierungstechnik und Mechatronik der TU Darmstadt, Diss., 2012. – VDI-Verlag

[110] WHEALS, J. ; BARNBROOK, R. ; PARKINSON, R. ; DEAN, M. ; DONIN, R. : Torque Vectoring. In: *Interdisciplinarity in Engineering* (2007)

[111] WIELAGE, H. : *Modellbasierter Dämpferregler für Längsdynamik*, RWTH Aachen University, Diplomarbeit, 2012

[112] WÜRTENBERGER, M. : *Modellgestützte Verfahren zur Überwachung des Fahrzustands eines PKW*, TU Darmstadt, Diss., 1997. – VDI-Verlag

[113] ZAMOW, J. : *Beitrag zur Identifizierung unbekannter Parameter für fahrdynamische Simulationsmodelle*, Institut für Maschinenkonstruk-tionslehre und Kraftfahrzeugbau der Universität Karlsruhe, Diss., 1994. – VDI-Verlag

[114] ZIMMERMANN, W. ; SCHMIDGALL, R. : Bussysteme in der Fahrzeugtechnik: Protokolle, Standards und Softwarearchitektur. (2011)

[115] ZOMOTOR, A. ; REIMPELL, J. : *Fahrwerktechnik - Fahrverhalten*. 2. Aufl. Würzburg : Vogel Verlag, 1991

[116] ZOMOTOR, Z. : *Online-Identifikation der Fahrdynamik zur Bewertung des Fahrverhaltens von Pkw*, Institut für Mechanik der Universität Stuttgart, Diss., 2002

A Anhang

A.1 Technische Daten der OxTS Messplattform

Tabelle A.1: Technische Daten der OxTS RT 3102 Messplattform [74]

	RT 3102
Positionsgenauigkeit	1,8 m CEP SPS 0,6 m CEP $SBAS$ 0,4 m CEP $DGPS$
Geschwindigkeitsgenauigkeit	0,1 km/h RMS
Beschleunigungen	
- Bias	10 mm/s^2 1σ
- Linearität	0,01 %
- Skalierung	0,1 % 1σ
- Messbereich	100 m/s^2
Nick- / Wankwinkel	0,05° 1σ
Fahrtrichtung	0,1° 1σ
Drehraten	
- Bias	2°$/hr$
- Skalierung	0,2°$/\sqrt{hr}$
- Messbereich	100°$/s$
Spurwinkel (bei 50km/h)	0,15° RMS
Schwimmwinkel (bei 50km/h)	0,2° RMS
Quergeschwindigkeit	0,2 %
Ausgaberate	100 Hz
Latenzzeit	3,5 ms

A.2 Daten der Handling Strecke

Tabelle A.2: Technische Daten des Handlingkurses im Nardó Technical Center (NTC) nach [77]

Streckendaten	
Länge	6222 *m*
Breite Start/Ziel-Gerade	15 *m*
Fahrtrichtung	Links
Rechtskurven	7
Linkskurven	9
Auflaufzonen	Asphaltiert

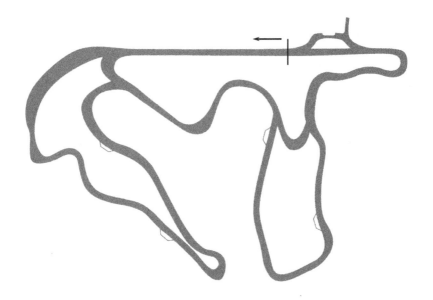

Abbildung A.1: Streckenskizze des Handlingkurses im Nardó Technical Center [77]

A.3 Technische Daten des Versuchsfahrzeugs

Tabelle A.3: Technische Daten des Versuchsfahrzeugs Porsche 911 Turbo Cabriolet [19]

	Porsche 911 Turbo Cabriolet
Länge	4,506 *m*
Breite	1,88 *m*
Höhe	1,292 *m*
Radstand	2,45 *m*
Gewicht	1765 *kg*
Leistung	382 *kW*
Max. Drehmoment	660 *Nm*
Reifendimensionen	245/35 *ZR* 20 vorne 305/35 *ZR* 20 hinten
Leergewicht nach EG-Richtlinie	1740 *kg*

A.4 Grafische Benutzeroberfläche des Tools zur Modellerzeugung

Abbildung A.2: Grafische Benutzeroberfläche des Tools RMOgui (Realtime-Modell-Optimization)

Printed in the United States
By Bookmasters